U0010647

STICKY: The Secret Science of Surfaces

# 黏黏滑滑

## 摩擦力與表面科學的祕密

羅麗·溫克里斯 ——著
Laurie Winkless

田昕旻 ——譯

晨星出版

給理查，感謝你牽著我的手，跨越種種。

To Richard. For holding my hand through everything.

# 目錄
## contents

序 Hello ⋯4

第一章 黏還是不黏 To Stick or Not to Stick ⋯11

第二章 壁虎的爬牆功 A Gecko's Grip ⋯40

第三章 游泳去 Gone Swimming ⋯67

第四章 翱翔天際 Flying High ⋯92

第五章、上路出發 Hit the Road ⋯118

第六章 搖晃的群島 These Shaky Isles ⋯142

第七章 破冰 Break the Ice ⋯169

第八章 觸摸的力量 The Human Touch ⋯198

第九章 緊密接觸 Close Contact ⋯225

延伸閱讀 ⋯253

致謝 ⋯265

# 序
## Hello

　　網路上有一張隨處可見的流程圖，喜歡自己動手修繕和組裝物品的人應該都很熟悉。這張流程圖的最上方是一句問句，「這東西會動嗎？」底下則提供兩個選擇：如果想要固定物品，請選大力膠布，如果想要讓物品滑順好轉，請選 WD-40®。這兩樣產品長久以來都被視為家庭必備好物。也是任何工作坊的必備工具；它們因為萬用而成了家家戶戶的常備用品。兩者我都非常喜歡。

　　幾年前，當這本書的初步構想在我腦海中嘎嘎作響時，我對這些產品有了一些領悟。因為其中之一是緊貼表面，另一個則是在物體之間滑動來鬆開它們，兩者經常被視為相反；彷彿各據「黏－滑量表」的兩端。真實世界中並沒有這樣的量表存在——不管是日常生活還是在實驗室的受控環境。那是因為「黏」和「滑」這兩個字很模稜兩可，當然也不確切處於對立的兩端。雖然它們廣為大家使用，但是在不同情況下，對不同的人而言，它們都代表不同的意義。依情況而異，它們一個可能讓人聯想到口香糖、大力膠布和糖漿的畫面，而另一個則會聯想到冰雪路面、WD-40 和濕磁磚。「黏」和「滑」這兩個字也不像硬度和導熱性那樣，是真正的材料性質。它們沒有大家都同意的科學定義，也沒有確切的指標可以用來量化或比較。明明每天日常生活都會用到這兩個字，但卻沒有科學文獻支持，這樣的反差正是我決定把這本書取名《黏黏滑滑》的原因之一[1]。

---

1　原因就是這樣，而且我剛好覺得這是個很不賴的標題。

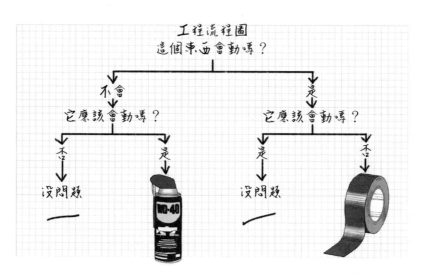

圖1：在網路上流傳的工程流程圖。

　　據我看，這組熟悉的詞彙可以找到新用途，應用於各式各樣有趣的作用中：特別是發生在表面上和表面之間所有怪奇又美好的事物。兩件物體接觸時會發生很多科學變化；無論是空氣流經彎曲的表面、兩塊金屬貼著彼此互相滑動，或膠水塗抹到木板上。雖然黏性無法測量或定義，但是有許多相關特性可以測量，且有一整個研究領域都致力於定義它們。

　　**摩擦學**（tribology）就是其中之一[2]。有時候會稱為「摩擦與滑動」的科學，主要焦點在於兩個移動的表面如何相互作用。雖然乍看之下似乎有點小眾，但我們之後會發現，這樣的相互作用在我們身邊比比皆是，且解釋了冰川在充滿岩石的地形中的移動方式，以及你電腦硬碟發出的運轉聲。無論專攻哪個研究領域，所有摩擦學家皆著迷於**摩擦力**，也就

---

2　摩擦學這個名詞源自希臘文 ── 「tribos」，意思是「我摩擦」

是與表面平行的阻力，無論是讓靜止物體保持在原處〔靜摩擦（static friction）〕，或是讓移動的物體慢下來〔動摩擦（kinetic friction）〕的力量。

透過測量材料之間的摩擦力，並將之融入幾十年來不斷發展和更新的數學模型中，摩擦學家可對表面產生有深度且高明的見解。如此一來，他們就能找到方法控制作用於表面的摩擦力。所有有相連零件的系統，不管是經過工程設計或生物與生俱來，在設計時都會考慮到摩擦力。有時候目標是要盡量提高摩擦力；就算在極端條件下，也能提供元件之間的抓力或牽引力。其他時候，摩擦力則被視爲勁敵，因爲會導致物品眞的磨到靜止爲止。不管是哪種情況，我們都無法忽略摩擦力，正因如此，摩擦力是本書的核心，貫穿全書每個章節。

從很多方面來說，摩擦學都不是一門新興科學。人類已探索和控制表面的相互作用千年之久，比我們發展出用來描述摩擦力所需的算式或工具還久遠得多。在傑胡提霍特普（Djehutihotep）的陵墓就有個著名的例子。他是有權有勢的首都首長，四千年前居住在上埃及（Upper Egypt）。這座陵墓裝飾得富麗堂皇的牆上，有一幅現稱爲《巨像的運輸》（Transport of the Colossus）的壁畫。這幅畫像的內容是一副木橇上載著一座巨大的石像，由一群工人拖行。在石像腳邊站著一個人，直接把水倒在木橇前方，起初被解讀爲純粹只是一種儀式行爲。工程師日後看著這幅畫，思量其中是否有更深的含意。這個液體有可能也是早期的潤滑劑嗎？爲了要讓沉重的木橇比較容易在沙地上滑行嗎？

2014 年，由丹尼爾・波恩（Daniel Bonn）教授帶領的團隊開始尋找這個疑問的解答。實驗設計相當簡單——他們裝載一塊載了砝碼的木橇，沿著混合了不同水量的沙堆樣本拖行，測量使用的力量。他們最感興趣的衡量標準是**摩擦係數** $\mu$（coefficient of friction，$\mu$ 發音爲「mu」，類似華語「謬」）。這個比值大量用於摩擦學研究（一般來說，還有工程

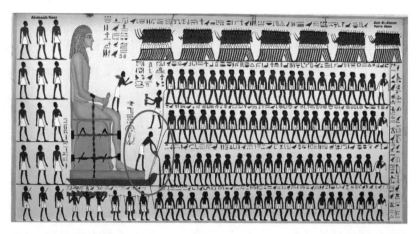

圖 2：在這幅由藝術家阿巴拿布‧納斯爾（Abanoub Nasr）〔與岱爾‧阿爾‧
巴沙青年聯盟（Deir Al-Barsha Youth Union）合作〕繪製的傑胡提霍特普陵
墓的複製畫中，可以看到有一個人把水直接倒在木橇前方。

學與科學）中，因其能讓你大概明白兩種材料表面的作用強度[3]。此數值
愈近零，表面愈容易開始滑動。所以，鋼放在冰塊上的 $\mu$ 值會比木頭放
在冰塊上還低一點（$\mu$ 分別爲 0.03 與 0.05），而在乾燥柏油上的橡膠的
摩擦作用，則比兩者都高 18 ～ 30 倍（$\mu = 0.9$）。這也說明了輪胎有助
於汽車停留在路面上的部分原因；我們在第五章會再詳述。藉由測量在
愈來愈濕的沙地上拖行的木橇之摩擦係數，波恩就能直接確認倒水對沙
子「滑度」的影響。

　　所有乾燥沙體的摩擦力都偏高，基本 $\mu$ 值爲 0.55。波恩把此歸咎於
「木橇前方的沙堆早在它眞的開始移動之前就形成了」。當他增加含水
量，沙堆的體積就減少，$\mu$ 值也是。某些情況下，單純透過加水，木橇

---

3　更具體地說，$\mu$ 是兩個表面之間抵抗活動的摩擦力以及正向力（normal force，表面對其上方
　物體所施加的「支撐」力或壓力）之間的比例。如同動摩擦和靜摩擦，$\mu$ 依表面是靜止或活
　動也會有不同的數值。我們在這本書中會經常提到 $\mu$。

與沙之間的摩擦力即可下降 40%。但是一旦沙子含水量超過約 5%，摩擦力就會再次開始攀升，導致木橇較難拉動。研究人員推斷，要在沙漠中的沙子上運送物品，可加入理想的水量以助滑動。其背後機制對於曾用水桶裝水和倒水來堆成沙堡的人來說應該很熟悉。如果內部的沙是乾的，水就能不受限地流動和擴散。相反的，濕沙則會保持其形狀，這要歸功於砂粒之間形成「水橋」。如果你混合的比例剛剛好，水會團結這些材料，形成平滑、堅硬的表面，可滑動上方的重物。回到 2014 年，波恩向《華盛頓郵報》（Washington Post）提到，如果把這個潤滑機制放大到巨大石碑那樣的規模，就代表「相較於乾沙，埃及人在濕沙上只需要用上一半的人力就能拉動物品……而埃及人很可能對這個有用的訣竅心知肚明。」

水的應用讓潤滑的世界大幅往前邁進。如今市面上有上千款市售潤滑劑可供選用，主要的基本原料是礦物油（也就是石油）。這些產品有共通目的：減少表面之間移動的摩擦力，無論是廉價割草機的內部或高科技的火星車（Martian Rover）。這些用來減少摩擦力的合成物有龐大的全球市場，2020 年市值超過 1500 億美元（相當於 1070 億英鎊）。我們會在第九章介紹一些目前最先進的固態潤滑劑。水依然偶爾會影響潤滑，尤其是在像山崩這樣的地質作用，以及第六章和第七章會提到的地震與冰。但是水多半會像其他液體般對表面產生摩擦力；它會拖住物體，減慢它們的移動速度。這些特定的阻力可透過**流體力學**（也就是液體與氣體移動的科學）理解，且影響範圍廣泛。我們在第四章中還會提到，所有球體和飛機的飛行都會受周遭氣體控制。而如果你是游泳者，第三章會揭露水中前行需要什麼，你將認識一些把水推離表面而降低其影響的水下科技。

不過，還有很多內容出於各種不同的原因無法囊括於本書中。例如，

我一開始原本打算用一章的篇幅討論表面科學在醫學的應用，從經由特殊設計微粒給藥的標靶藥物，到設計出有利細胞黏附和生長的植入物。有鑑於我在撰寫本書時（2021 年一月），新冠肺炎大流行仍透過可經由空氣和表面傳播的病毒影響全球每個人的日常生活，這樣的疏忽令人遺憾。但事實是，我的時間和篇幅都不夠，無法再擴及需要大量時間與篇幅的主題。其他章節則僅僅改變了焦點。第二章原本是要探討動物使用表面科學來領航和控制周圍環境的許多方法。蜘蛛、海膽和鯊魚都是原本可能入選的生物。結果那一章現在只著重於一種動物——壁虎。在蒐集這隻爬行動物相關資料的過程中，我被牠圈粉了：我深深著迷於牠的攀爬能力背後蘊藏的驚人機制，以及受牠啟發的眾多科技。還有其他來自自然界的範例散佈於全書其他段落。在第八章，我採用了物理學家對觸覺的觀點，及其在人類社會中扮演的角色。最後，或也許該說最初，第一章是所有黏合力相關事物的入門，包括說明一些我經常被詢問的黏滑物品真正的運作原理。

《黏黏滑滑》一書的核心與材料及材料影響其表面的力量有關。無論如何，我從 2007 年開始便在工作上投入這個主題。那是我第一次參與運用微結構表面（patterned surface）控制摩擦力與液體流動的研究專題，別的先不提，這個專題讓我開始研究防潑水（water-repellent）材料。後來，當我撰寫《科學與城市》（Science and the City）一書時，這些表面的相互作用不斷浮上我的心頭，從葉子在鐵路上的滑度，到輪胎的抓地力。相較於我們對摩擦力的認知與理解，它對現代世界的重要性似乎大得荒唐。那就是《黏黏滑滑》一書的概念真正紮根的時刻。我開始用「發生在表面的事情」觀點看待萬物之後，就一發不可收拾。本書於焉誕生。

《黏黏滑滑》這本書不是要徹底探究所有已知的表面相互作用；也不是想成為一本物理學教科書、摩擦力的數學專著，或深入探究市面上

效果最好的膠水。如果您追求的是那種程度的知識，那麼我很樂意與您分享許多其他參考資料[4]。相反地，我在本書集結了自己最愛的範例，想讓各位讀者明白，作用於材料外表的力量如何實際和象徵性地影響我們的周遭世界。這些力量的含意會穿越科學的各領域，因此，我們的旅程將經歷一些出乎意料的轉折。我想（或者該說我希望？）這本書對所有人而言都有其意義。

在探究這些主題時，我有幸可以與科學界和社會上一些了不起的人物交流；他們都是各自領域的專家，卻願意慷慨撥冗與我對談，並分享他們的知識。要說「我欠他們一份情」太過輕描淡寫。我很期待各位讀者可以與這些專家相遇。

那麼，現在就請您滑到舒適的角落，燒一壺水，聽我說一些有趣的故事吧。

---

[4] 本書最後的延伸閱讀附錄有列出重點參考資料。前往我的個人網站可以找到所有參考資料（若有相關連結便會附上）。

第一章

# 黏還是不黏
## To Stick or Not to Stick

　　偏遠的澳洲西北部似乎不像是探討表面科學的書會開啓篇章的地點。但是如果我們想要探究人類與所有黏性物體的連結，沒有地方能贏過這裡。金伯利地區（Kimberley）幅員遼闊，以陡峭峽谷和潔淨水源等驚心動魄的地景聞名，面積是愛爾蘭的五倍，但當地人口不到37000 人[5]。此地區也老得無以言名，至少 18 億年前就生成了，大部分地區從那時候起就因大地構造作用力（tectonic forces）而與世隔絕。其土壤顏色多變，從亮黃色到無數的紅色系土壤，偶爾還會出現深如黑的紫色。

　　此地區的日落色調由是岩石中不同形式的鐵氫氧化物造成，鐵、氧和氫原子每次結合都會生成不同的色調。整體來說，這些物質稱爲赭石（ochre），是人類的第一個顏料。千年來，金伯利地區的原住民會熟練地使用赭石製作標記：用來分享故事、祭祀他們的祖先，以及映現他們的生活經歷。現在的藝術家會在帆布或木頭上作畫，但是他們的作品與最早的藝術形式，也就是岩石藝術，有無法切割的連結。而金伯利就是世界上最傑出和最古老藝術的發源地之一。

　　其中最有名的可以說是圭央（Gwion，此爲澳洲原住民語言詞彙）風格的圖案。這些圖案出現在北金伯利，它們被形容成「主要是

---

5　這相當於每平方公里有 0.08 人。澳洲全體的人口密度是每平方公里 3.2 人。

細膩繪製的人物，穿著精心製作的儀式服裝，包括長型頭飾，且伴隨著物質文化，包括迴力鏢和矛」。儘管它們蘊含著無比的文化價值，但許多圭央遺址都已遭毀損或破壞，主要是因為開發的關係。文化遺產保護立法的漏洞備受指責，亞馬吉馬爾帕原住民公司（Yamatji Marlpa Aboriginal Corporation）的西蒙‧霍金斯（Simon Hawkims）就稱目前的保護法是「古早過時的……笑話」。因此我們可以理解金伯利人對於分享祖先智慧抱持的慎重態度。而在四位恩加林因族（Ngarinyin）人長老撰寫的《圭央圭央：秘密通道》（Gwion Gwion: dulwan mamaa）這本書當中，就把圭央岩畫藝術形容成「保護人類……血緣……律法的秘密」。

　　不過近幾年來，許多原住民社群開始尋求西方科學家的幫助，以釐清這項藝術的起源與發展。澳洲的岩畫藝術是出了名難以追溯，因其使用的鐵基顏料不含碳，而碳是放射性碳定年法（radiocarbon dating）的必備元素。但是一項在 2020 年發表的研究使用了有新意的方法。墨爾本大學（University of Melbourne）科學家與傳統土地所有人（Traditional Owner）團體合作，研究十四處（故意）未公開遺址的圭央藝術作品。在每處遺址，他們都從用來作畫的漆料下方或上方的蜂巢採集少許樣本。研究人員對這些蜂巢殘餘物進行碳定年法後，得以推算出各個藝術作品的年代區間。他們推斷他們研究的大部分圭央圖案，「年代區間相對較窄，約落在 11500 至 12700 年以前。」

　　雖然這幅岩畫很古老，但遠不是澳洲最古老的案例。該頭銜目前是由 2012 年在北領地（Northern Territory）周恩族（Jawoyn）區域發現的樣本所擁有。有一小塊石英岩上畫著深灰色的線條，並知道它是更大幅畫作的一小部分，可追溯至 28000 年前。還有大量其他考古證據顯示人

圖3：蓋賈（Gija）藝術家加百列‧諾迪亞與他的其中一幅作品，使用的顏料是赭石。這幅作品描繪的是沃蒙（Warmun）的故事。

類已在這類遺跡居住了更久的時間[6]。但這主題已經能直接寫成一本專書。我自己則是對赭石驚人的持久力感到驚艷。這種顏料——塗在牆上的時間比埃及最古老金字塔完工還早23000年——為什麼可以保存這麼久？它與現今高科技、分子控制的顏料之間有什麼關聯性？

　　我有幸獲准訪談加百列‧諾迪亞（Gabriel Nodea），他是深獲各方推崇的藝術家，也非常瞭解蓋賈人（Gija people）的相關文化。加百列作畫時會融合傳統與現代材料。他會如祖先般研磨鮮明色系的岩石製成粉狀顏料。但是黏結劑（binder）——凝聚所有顏料，並有助於其附著於表面的液體——他則是使用PVA膠與水調和。他的畫作很持久，可以在帆

---

6　有一份考古學研究，是針對從金伯利地區東北方一處大型沉積景觀明吉瓦拉（Minjiwarra）挖掘到的工具，該研究推斷此地區已連續有原住民族群居住了五萬年之久。

布上留存數十年，但是他說：「在石壁上就無法保存這麼久。我無法告訴你他們到底怎麼辦到的；我們手上只有非常難以說清楚一切的線索。我只知道他們是運用他們的視野和他們的頭腦，從不同的角度觀看萬物。他們一定擁有一些秘密配方，因為只有水和赭石是行不通的。」

「研究人員已花很長一段時間試圖辨別出岩畫使用的黏結劑，」馬賽拉・史考特（Marcelle Scott）博士說，他是格林威德文物保護中心（Grimwade Centre for Cultural Materials Conservation）的研究員，也是諾迪亞的同事。「主要難題是取得的材料數量稀少。另一件事則是藝術品與岩石表面之間的化學相似性，這很可能造就其適應力。」史考特在他從墨爾本打來的電話中告訴我，後者可引申出一些有趣的結論：「當人們在樣本中看到氧化鐵時，很容易會說那是『血』；大多時候，那其實是赭石造成的。」原住民藝術有時會使用血——2001 年過世的知名蓋賈藝術家傑克・布瑞頓（Jack Britten），正是因把赭石與桉樹樹汁混合少量袋鼠血而聞名。但我直到目前所能找到的資料顯示，澳洲傳統岩畫上尚未有任何有證據確鑿的存在跡象，大多數其他可能的材料也是一樣。世界上其他遺跡的部分秘方則已被發現；例如，我們已在南非桑人（San）岩畫所使用的漆料中發現蘆薈植物的微量樹汁。但是我們從這些古老畫作獲得的化學資訊大多來自分析它們的顏料。有一份研究特別針對圭央岩畫使用的獨特桑椹顏料。研究人員使用攜帶式 X 光螢光分析赭石的少量樣本，指出其鮮豔的顏色是來自黃鉀鐵礬（jarosite）——一種含鉀與硫酸鹽的礦物質。其他研究已進行各式各樣的分析，包括辨別出巧妙偽裝的歷史破壞，以及精確指出開採特定赭石的特定採石場。

赭石顏料曾經（現在依然）是「土地的一部分」這件事，在 2011 年特別明顯，當時東金伯利有一處小社區有慘痛的經歷。沃蒙藝術中心（Warmun Art Centre）在全世界當代本地藝術擁有特殊地位已超過 50 年

的時間。此處爲蓋賈人所擁有和管理，培養出一些澳洲最富盛名的藝術家，是文化知識與藝術品重要的存放處。所以當洪水侵襲該地區，重創藝術中心及其周圍的住宅，產生的衝擊相當深遠。「畫作散佈各處；有些遠到我們得騎機車才能找到，」蓋賈藝術家羅薩琳‧帕克（Roseleen Park）當時告訴《雪梨晨鋒報》（Sydney Morning Herald）。「畫作掛在樹上、山坡上，被倒鉤的電線纏住。我大約救回一百多幅。」時任藝術中心理事長的諾迪亞說，他最首要的感受就是什麼都沒了：「看到我們的畫作被沖走和毀損實在太心痛了。全澳洲所有的藝術作品對我們的人民都非常重要——這些作品讓我們與自己的文化及背後豐富的故事產生連結，進而與國家有連結，將這些東西串連在一起。」

受損的作品中，有些是由史考特及其在墨爾本大學的同事負責管理。「沃蒙社區收藏品（Warmun Community Collection）因已逝藝術家的作品而聞名，具有重大的國家地位，所以我們對可以負責保存管理深感榮幸。」但她說，他們面臨的難題相當龐大。「好幾百件這樣的作品在土中結塊，許多作品還發霉了。」保存管理團隊也必須想辦法應付各種不同的基板——從木頭和帆布乃至水泥板之類的東西。此外，如我們在接下來的內容所見，漆料黏合於表面的效果端看其黏附的材料以及使用的黏合劑。史考特最後說，有塗漆的表面經證實極度持久。「與不同類型的表面打交道是我們工作的一部分，但我很擔心我們是否有能力清除泥土——事實上是濕赭石——而不損害下方的畫作。但是沃蒙藝術家真的很瞭解自己的素材。有了他們的幫助，我們得以比我原先所想的清得更乾淨。」2013 年，精心修復的藝術作品被歸還給沃蒙，現在收藏在藝術中心附近特地興建的架高儲存機構中。

與這些當代作品不同，千年來裝飾金伯利地區牆壁和洞穴的藝術無法脫離大自然的破壞力。而那些破壞力有時候可能極爲嚴重。該地區的

濕季炎熱又潮溼，悶得讓人受不了，乾季則以豔陽和夜霜著稱。這些古老岩畫在劇烈的氣候變化下還能倖存至今，相當不尋常。但是結果發現，正是其中一種天氣型態幫忙保存了這些岩畫。

沙漠岩漆（desert varnish）是又黑又薄（大於 0.2 公釐[7]）的塗層，會在各種裸露的岩石表面形成。雖然它最常出現在乾燥、乾旱地區，但是從冰島到夏威夷其實隨處都有，且往往富含鎂和氧化鐵，與其所包覆的岩石內會有的化合物相似。這層塗層與岩石底層之間的差異在於矽石與鋁的濃度偏高，並含有許多其他氧化劑。這些礦物質會使之變成硬質玻璃質表面來保護岩石，而根據科學家的說法，它們能移動到岩石表面唯一的方法是靠風。風吹過沙漠時會夾帶沙塵的微粒，經常會將之沉積在岩石表面。但是這些微粒碰到岩石表面後如何停留在岩石上，依然有點神祕。有人推測其中牽涉到真菌小孢子的某種生物機制，如同矽石碰到水時會發生的化學崩解。但我們的確知道一件事，沙漠岩漆形成的速度會隨時間和地點而異。有一份澳洲研究發現證據，顯示至少一萬年前有一段「大上漆」時期，接著出現好幾層厚度不同的明顯分層。

根據史考特的看法，像這樣的過程可說明為何有些岩畫可留存這麼久的時間。「天氣當然是因素之一，但是其影響取決於事件發生的時間，相對於畫作的年齡。作品完成後立刻進入特別潮溼的紀元會摧毀作品，但是乾燥的紀元可能會形成保護層。」不過即使沙漠岩漆形成，它也並非密封。鹽霧（salt spray）和火經證實皆會摧毀岩畫，有些區域的破壞速度比形成速度還快。目前還不清楚它們可能會對澳洲珍貴的岩畫遺跡造成哪些長期影響。再加上其他的因素，例如氣候變遷、採礦作業以及人口成長，看起來的確前景堪憂。

---

7 這相當於 200 微米（μm），與兩張影印紙疊在一起的厚度差不多。

　　我看著眼前那塊突出的石頭時，一邊思索所有問題，那塊石頭上重疊了好幾層手印和圖案——一大片的橘色、白色和紅色，這正是這個地方地名的由來。距離雪梨（Sydney）往西一小時車程的紅手洞（Red Hands Cave），被視爲藍山（Blue Mountains）原住民藝術的最佳範例之一。這些肖像可能已經在這面牆上 1600 年了，是由年輕男孩在他們手上噴了赭石所製作而成，在手上噴赭石代表他們開始進入成年期。我看不到任何沙漠岩漆的跡象，但是顏料依然鮮明。我緩緩向前移動，把我的鼻子貼在防止該遺跡遭受破壞的金屬圍欄上，迫切地想再靠近一點。有好幾分鐘的時間，我只聽到桉樹（gum tree）沙沙作響的聲音。當我沿著小路折返，經過其他遊客身邊，聽到有個細微的聲音說：「爸爸，我們可以在我床邊的牆上蓋一些手印，一定會很酷！」父親很快地回應：「也許吧，寶貝，但是不要期望它們可以像這些岩畫一樣保存很久。」

## 漆（Paint）

　　現代的料的模式大多依然是採取固體顏料（提供顏色）懸浮於液態基質（把顏料黏附於表面）。但是它也融入各種添加物，對最終產品賦予各自的特性。最後組成似乎有無限可能的漆料，可依不同需求調整；從橋樑、汽車到玻璃和帆布，舉凡需要塗層的表面，都有產品可以黏附其上。要瞭解漆料如何辦到，要先談它們的製作過程。

　　如果你身處生產藝術用油彩（oil paint）的產業，你會先從基質開始製作，最常見的一種就是亞麻仁油（linseed oil）。這種清澈、顏色

如稻草的油，是由亞麻的種子製成[8]。雖然亞麻仁油可能看起來「黏」到足以緊貼在帆布上，但還是會添加穩定劑——通常稱為硬脂酸鋁（aluminium stearate）的化合物。接著是時候慢慢拌入你選擇的細磨粉狀顏料（pigment）。想要獲得亮白色，你需要使用二氧化鈦（titanium dioxide）；要鮮明的藍色，則需要加入鋁酸鈷（cobalt aluminate）。你要使用大型調和抹刀攪拌混合物長達四小時。這能讓穩定劑找到顏料微粒，包覆它們，並協助分散於油中。它也能讓混合物變濃稠，使其質地比較像漿糊。原型漆的下一站是三滾筒研磨機（triple-roll mill）：由三個花崗岩或不鏽鋼巨型滾筒組成，只間隔幾微米，以不同速度轉動。研磨機會把漆料拉過愈來愈小的間隙，更細緻地研磨並分離顏料。顏料製作大師大衛・寇爾斯（David Coles）在他的著作《色彩之地》（Chromatopia）提到，滾筒研磨機是「製作漆料最重要的核心」，但是同時也警告，使用這種研磨機時，手藝與科學一樣重要。滾筒之間的摩擦力會使之加熱，導致其擴張，改變間隙的大小。溫度上升會改變漆料的流動特性，因此每一批顏料之間也會稍有不同。所以，「漆料製作者務必不斷注意研磨的不可捉摸。」不過，結果很驚人：均勻、鮮明的奶狀漆料——依照顏色不同——以體積來說可以含有 50％以上的顏料。一旦通過質地測試，並與前一批的顏色相對照後，該漆料就會封裝進顏料管，隨時可使用。

油性漆在物質表面不會發生乾燥，因為乾燥涉及水分流失進空氣中。相反地，油會主動消耗空氣中的氧氣，用來形成鄰接分子之間的連結鍵。當反應（已知為硬化或聚合）進行時，會形成相同分子互相連結的分子鏈密實網絡，構成固體膜，這層膜會逐漸讓漆料變硬。這也代表油性漆

---

8　亞麻仁油可食用的形式為亞麻籽油（flaxseed oil）。其加工過程未使用溶劑。

其實會隨著硬化而變重[9]。事實上，亞麻仁油的重量可增加到超過15%，取決於油的製造過程。

　　水性漆——愛好DIY的人常用來讓房間「煥然一新」的產品——則截然不同。正如其名，水性漆的顏料懸浮於水中。塗抹到表面後，其液體會逐漸蒸發，只留下薄薄一層由黏結劑凝聚在一起的顏料。水性漆顏料與基質之間的比例一般都比油性漆低很多。漆料製造商瑞欣（Resene）的技術總監柯林‧古奇（Colin Gooch）告訴我，一桶4公升裝的優質水性漆，可能只含有1.5公升的固體——事實上這些物質才會形成留存在表面的薄膜。其他2.5公升的物質負責維持這些固體物質均勻散開，讓我們可以把顏料從油漆桶塗到牆面上。

　　製作一桶標準漆料的過程比較偏向工業化而非傳統技藝，但是依我自己所見，這並不減損令人佩服的程度。瑞欣是一家紐西蘭知名廠商——百分百紐西蘭持有的公司，製作漆料已逾70年。瑞欣的工廠與總部位於威靈頓外圍20公里的奈奈（Naenae），所有水性漆料都在此生產。我曾經用其中的一小部分重新裝潢我們的家，我迫不及待想一睹簾幕後的現場，並在過程中習得一些漆料的化學知識。我馬上就明白，在古奇的帶領之下，我會受到妥善照顧。儘管他已擔任公司資深化學家半世紀以上，還是散發出對漆料的熱情。他在大廳碰面與我握手之後，說：「我真的得先警告你，漆料業很容易上癮，一旦你踏入，看到那些挑戰和機會之後，你就無法脫身了！」

　　我們喝一杯咖啡，短暫閒聊了公司的歷史，然後往下走到實驗室，開始討論製作漆料的挑戰。他指著架上一大排貼著標籤的樣品，跟我說：

---

9　……至少一開始是這樣。最後會發生其他過程，用來讓油釋放一些化合物進入大氣中。

「首先，沒有所謂完美漆料這回事。我們不可能製造出一款適用所有牆面的漆料，因為混凝土表面與房屋的擋雨板完全不一樣。如果我們想要生產一款適用特定基板的成功漆料，我們得先透徹瞭解該基板。一旦我們都摸透了，就能開始思考配方。」

顏料通常是第一步。就跟油性漆和赭石漆使用的顏料一樣，這些顏料是粉末，雄心壯志的化學家研究許多其大小和形狀。二氧化鈦，古奇稱為「非常粗的顏料」，平均微粒大小僅有 300 奈米（0.0003 公釐）——3500 顆大約就等於一顆罌粟子的大小。他們（更細的）紅色苯胺染料，各微粒可以辨識出 26 個面[10]。這些奈米複合物很重要，因為一般來說，若表面有愈多有效原子，就愈容易產生反應。「就漆料而言，我們需要觸發一個化學反應，」古奇在我們穿越庭院，前往一棟大型建築物的途中這樣說。「就拿糖會在水中溶解為例，如果我們讓水蒸發，就會得到一開始加入的那些糖粒——沒經歷任何變化。」這樣的類比很恰當，因為跟糖一樣，大部分市售顏料都「親水」（hydrophilic），這個詞彙可以直譯成「熱愛水」。讓它們溶解在水中並不是問題；有問題的是讓它們在水消失後還停留在表面。他繼續說道，「我們希望有顏料的薄膜會真的附著在基板上，意思是要試驗微粒的表面化學。」

為達此目的，漆料製造商開始研究黏結劑，通常稱為樹脂，由各種化合物製成。古奇非常熱愛丙烯酸聚合物（acrylic polymers），主要是因為它們能形成長又重的分子。「分子重量愈重，漆料就愈耐久，」他說。「原因很簡單，大部分漆料耐久性的假想敵——例子之一是紫外線——會努力想要破壞分子。分子一開始愈大，降解的時間就愈長。」

---

10　這個形狀的多邊形稱為二十六邊形（icosihexagon）。只是一個有趣的小趣聞，下次你遇到益智問答時也許派得上用場。

丙烯酸聚合物也能混合成不同量值，改變最終漆料薄膜的硬度，過程快速又有效。「丙烯酸聚合物的技術特別優雅，也很難被破壞。」古奇興奮地說。

　　不過，它們的確有個問題。丙烯酸聚合物會疏水（hydrophobic）；它們與水相斥。「所以你是怎麼讓它們留在水基質當中呢？」我困惑地問他。在我心中，我想像了一個微小的丙烯酸聚合物微粒，被四面八方的水分子排斥時，朝著碗面漂浮。

　　「疏水性黏結劑與親水性顏料之間的界面是漆料最脆弱的一環」他如此回答。「我們用一種媒介物強化它 —— 界面活性劑或兩親[11]分子，這種分子有兩個不同的末端；一端會受黏結劑吸引，另一端則受顏料吸引。」。這些分子可作為橋樑，在化學上連結兩個原本完全不會相碰的微粒，它們會形成微滴，可以在水中到處漂浮。當你將這個混合物塗抹於表面時，水會開始蒸發，這些顏料黏結劑微滴彼此之間及與表面之間會更靠近，最後形成一層堅韌、有彈性的薄膜；又叫做你牆壁上的那片油漆。

　　「大量的漆料設計還只到暫時階段，因為要使其在油漆桶中保持穩定。界面活性劑真的會對塗抹的表面造成麻煩，但是我們努力讓我們的漆料不使用界面活性劑也能塗在表面上。」古奇說起這件事時，我們正好都看著一大缸亮白色的液體。有一個水槽往下流出液體，據說裡面裝了一萬公升的標準白漆。除了水和「顏料－黏結劑」微粒，那個水槽裡很可能還有其他漆料添加物 —— 或許賦予抗霉能力，或讓最後成果比較容易清潔。從這裡開始，幾近完成的漆料樣本會送去實

---

**11** 你的家中很有可能就有一瓶兩親分子 —— 它們比較知名的名稱為清潔劑。它們有助於拉起表面的疏水性油脂，這份差事單靠水無法辦到。

驗室接受檢測，並與參照樣本對照。全部沒問題之後，漆料就會裝罐，送往現場倉庫準備分銷。從原料到漆料封入罐中，此處的整個過程需要大約兩天的時間。

## 黏附（Adhere）

在所有這些漆料的討論中，我忽略了一些重要的內容——黏合材料（例如塗層、漆料或黏膠）實際黏貼於表面的機制。換句話說，到底什麼是黏合力（adhesion）？我們該如何定義某個物品有多「黏」？

那些問題的答案實際取決於你詢問的對象。如果詢問化學家，可能最常用能量來描述黏合力；詢問物理學家或工程師，他們會說黏合力全都關乎力量。兩種觀點都站得住腳，因為基本上來說，黏合力是兩個不相同的材料分子之間存在的吸引力。黏合力的強度通常是由分離兩個分子所需耗費的力氣或作功來定義：可能是使用的能量，或斷開連結所需的最大力量。

我畢生致力於黏合力的研究，且全球黏合劑（adhesive）產業龐大，2018 年市值 450 億美金（330 億英鎊）。所以，試圖用短短幾頁的篇幅來總結這一切很有可能是痴人說夢。無論如何，我們先從最基本的認知開始——理解不同材料之間的連結看起來的樣子。想像一般的、或許是人造的界面：一滴不知名的液體滴在一塊乾淨的固體材料上。一般會認為這兩種物質有三或四種相互作用方式：

**化學性**。當黏合劑與表面之間形成分子鍵時就會發生。就漆料而言，這種黏合力會由顏料周圍的黏合劑分子賦予。它們會與表面的分子產生

反應，共享和借用電子，在界面有效地形成新的化合物。這與稱爲吸附（adsorption）的過程有關，而黏合劑需要把表面「弄溼」──我們很快就會再解釋更多。

**機械性**。沒有任何固體材料是眞的完全平滑。即使是徹底拋光的玻璃片，在微尺度之下還是會看到雜亂的凹凸。這個理論認爲如果液體可以流入所有不規則的地方，將可與表面形成特別緊密的接觸。液體與固體之間並沒有眞正產生反應；這種連結〔稱爲扣鎖作用（interlocking）〕是物理作用，而非化學。液體會攀附於表面，就像攀岩者用他們的手指緊抓縫隙和裂縫一樣。這個機制就是漆料製造商建議你在塗抹油漆前先用砂紙磨粗牆壁或木製家具的原因：這樣處理可以爲表面添加更多凹凸。人們也普遍認爲粗糙度可能會防止在表面及塗層間擴散開來的龜裂。

不過，此機制的重要性大大受到使用的產品影響。漆料是一層塗層，因此是塗在施加處固體表面的液體，會在原處乾燥或硬化。相對的，黏合劑則是用來把物品凝聚在一起──它們是三明治中的「肉片」，而非夾在上下的那兩片吐司。如果你嘗試用液狀黏合劑把兩種材料黏在一起，粗糙度可能不一定會導致兩種材料之間發生機械性扣鎖作用。黏合科學界第一把交椅凱文・肯德爾（Kevin Kendall）教授，寫了一本書《黏答答的世界》（The Sticky Universe）[12]。在這本書中，他稱粗糙度「總是與你唱反調，無論是用來產生或斷除連結，」並證實在某些情況下，增加表面粗糙度會顯著降低兩種材料之間的黏合力。

但是無論你是要塗黏膠還是漆油漆，弄粗表面會產生一種大家似乎都認爲有幫助的結果。用砂紙打磨或磨擦材料的過程中，你其實間接清

---

12　肯德爾是提出 JKR（Johnson- Kendall-Roberts）理論的三人其中之一。這個理論說明了物體彼此接觸時如何變形。

潔了它；由於你去除油脂和其他隨時間累積的污染物，你改變了它的表面化學性質。乾淨的表面的黏合力總是比骯髒的表面還好，無論你的界面多粗糙都適用。所以並不是粗糙度對黏合力**不重要**——只是並非唯一重要的因素。

為了瞭解**擴散作用（diffusion）**，也就是「液體─固體」界面的第三種相互作用方式，我聯繫了史蒂芬‧阿伯特（Steven Abbott）教授，他是黏合劑專家，也是英國皇家化學會（Royal Society of Chemistry）的會員。身為在業界耕耘數十年的人，他相當精通黏合劑與塗層需求的不同需求[13]。在這通很長又很早的晨間通話中，他提到產品的功能決定了各個黏合力模式的相對重要性。

擴散作用通常只會發生在提及的固體是聚合物時，但這不代表很少見。聚合物隨處可見，在自然界（橡膠、絲、纖維素）和製造業（尼龍、矽膠和鐵弗龍™）都是如此。物品可被稱為聚合物的條件是結構：其分子排列成長形、重複的鏈狀。在這個黏合模式中，分子並未像跨越界面混合那樣彼此相黏，而是如同兩盤煮熟的義大利麵放進同個鍋子裡炒在一起。在漆料和塗層業，擴散作用被視為相當小眾的過程，不一定會運用在自家的產品。但阿伯特坦言，它在黏合劑中扮演重要角色。

> 人們忽略了擴散作用的重要性，因為他們腦中深植大型聚合物無法混合的想法。但是他們忘了，50 年前有一名科學家尤金‧赫爾芬德（Eugene Helfand）證實，聚合物在界面的熱力學規則非常不一樣。你很容易就在界面看到幾奈米的物質交纏混合。通常那就足以產生

---

13　2020 年，史蒂芬‧阿伯特與英國皇家化學會一起出版了一本書；書名為《黏在一起》（Sticking Together），書中對黏合劑與漆料科學的探討，比我在這本書得以涵蓋的範圍還要詳細很多。

兩個材料之間的強勁接合點。

　　根據全球黏膠產品龍頭 3M™ 的說法，還有第四種黏合模式：**靜電交互作用**。這家公司指出，如果你曾看過一張紙在你準備貼上膠帶之前就朝膠帶移動，那你便親身經歷了這個效果。但是我認為這樣的吸引力──由堆積在你從膠帶捲拉起之那段膠帶上的帶電粒子所賦予──並不能真的讓膠帶**黏上**表面。沒錯，它有助於把物質凝聚在一起，但是無法固定在那裡。所以我對稱呼靜電是一種「黏合力模式」感到遲疑。也許這樣的困惑是來自於另一事實，在緊密堆疊的原子之間有相對吸引力運作：凡得瓦力（van der Waals forces），儘管它與靜電稍有不同，但常與靜電交互作用一同出現。這些微小的原子間力量肯定對黏合力扮演重要角色，但是如我們在第二章會提到的，能夠充分利用這種力量的不是人類。

　　沒有任何一個模式可以單獨完全解釋黏合力，而現有的黏合劑產品幾乎都不可能確認有效運作的是哪一個模式。如時任波士膠紐西蘭分公司（Bostik New Zealand）首席化學家的莫妮卡・帕斯勒（Monique Parsler）所說，「每一種黏合劑都運用不同的原理，或結合好幾種原理。」[14] 還有其他因素也會造成影響，例如**內聚力**（cohesion），也就是液體吸附自身的能力。你可以把它想成相似分子之間鍵結的內在強度。漆料或黏合劑要耐用，就需要具備良好的**內聚力**和良好的**黏合力**；如果兩者任一失效了，產品也會失效。對漆料而言，內聚力失效可能看起來像是底片被剝奪它的色彩，而黏合劑失效則會讓漆料真正脫離表面。不管是哪一個狀況，你的表面都需要重新上漆。

---

**14**　針對兩個固體材料之間的相互作用，黏合力模式的清單更長，包括像是磁性這類的物質（但這已超出本書範疇）。

# 能量（Energy）

　　還有一些其他要素需要探討——在表面科學這個房間裡不可忽略的一頭超大大象；也就是**表面能（surface energy）**的概念。這是敘述固體材料表面額外能量的程度，源自物體外部原子的未平衡鍵結與內部原子的對比。這是真實可測量的特性，其數值可以看出一個材料表面對其他分子的吸引力。有個方法可以視覺化表面能，有時這方法會稱為可濕性（wettability），也就是觀察液體如何與其表面互相作用。當水滴在木塊上、不沾鍋、有蠟的葉子上時，你會立刻知道其反應和水滴在一片紙板上非常不一樣。在其中一些材料上，水滴會立刻散開，還有一些則是形成球狀。透過測量水滴邊緣與表面形成的角度〔稱為接觸角（contact angle），$\theta$，或「theta」，華語發音似「瑟塔」〕，可以計算出表面能的數值。如果你使用的液體是水，這個數值也能告訴你該表面的疏水（hydrophobic，排斥水）或親水（熱愛水）程度。

　　這些定義是位於一個滑動尺規上，它們之間的界線模糊，但是大致上來說，水的接觸角在 0 ～ 90 度之間時，表面被稱為具親水性。這些材料對水分子有強烈吸引力，也就是說它們的表面能偏高——很容易就濕了。如果你量到的接觸角介於 90 ～ 180 度之間，代表你的材料表面能偏低。當一滴水滴到這類表面時，會大大被「無視」。那滴水往往會保持原本的形狀而不會散開，也就是說該表面被視為疏水性。我們很快會再回來探討這個議題。

　　就漆料而言，你會希望手中的液體可以散開，因為理論上，好幾個黏合力模式會同時參與其中。容易濕掉的表面不需太用力就能塗上漆料，所以知道表面的可濕性非常有幫助。作為額外好處，這些測量值也能告

在親水表面的低接觸角　　　　　在疏水表面的高接觸角

圖4：水滴在物體表面的接觸角呈現出該表面的一些特質。如果接觸角偏低（左圖），則該表面為親水性，或會吸水。如果接觸角偏高（右圖），則該表面為疏水性，或防潑水。

知你的表面有多乾淨，因為髒污會改變接觸角，依髒污的類型會變高或變低——當目標是擁有良好黏合力時的另一考量。表面能也往往與摩擦係數有關聯，也就是 $\mu$ 值（我們在前面的〈序〉有提過）。雖然不是絕對明確的物理規則，但是如果一種材料的表面能偏低（如果它對液體來說很滑），它的摩擦力往往也偏低（對固體而言很滑）。

　　表面能討論的受矚目之處在於其對黏合劑接點的重要性：兩個物體以液體黏合在一起的地方。點開世界上各大主要黏合劑大廠的網站，你很快就會看到他們提及表面能。這項特性一般是以每公分達因（Dyne）為單位，很常用此數值將材料分類。金屬的表面能往往很高（例如銅是1103 達因／公分），所以很容易就濕了，而木頭等傳統材料的數值往往相當高，範圍達數十至數百達因／公分。而聚氯乙烯（PVC）和尼龍等工程性塑料（engineered plastic），數值則比較低，約 30 ～ 50 達因／公分。在大多數網站中，解說文字會說明量表愈往下，黏合於該材料的難度愈高。

　　我前去拜訪莫妮卡・帕斯勒位於波士膠（Bostik）的實驗室時，她給

我看一塊很大的基質，那能幫助使用者針對許多表面選擇適當的黏合劑。對她和她的同事而言，弄溼很重要。「我看著一個新產品，或看著需開發新用途的舊產品時，我會希望盡可能把接觸角壓到最低，表面才能完全潮溼。如果沒有把表面弄溼，就無法獲得黏合力。道理就是這麼簡單。」

但是阿伯特的見解卻相當不一樣。他認為雖然黏合力的原理很久以前就已經開始發展，但是對其普遍理解——即便是製作這些化合物的公司——還是有點匱乏。「表面能毫無疑問對漆料很有用，但是對實際的黏合劑系統而言，也就是我們真正把東西黏在一起的物質，基本上是不相關的，它比我們所需的規模小了數千倍。但是人們還是對其著迷不已。」

阿伯特的 YouTube 頁面上有一系列的影片，主要就是針對該產業。有一個示範短片隱身其中，說明基於表面能的黏合力有何限制。在那段短片中，他和另一個人嘗試拉開（用拔河的方式）兩塊超級平滑、超級乾淨的橡膠片。兩塊橡膠片之間沒有黏合劑；它們單純是靠表面能黏在一起。儘管兩人都使出吃奶的力氣，橡膠片還是文風不動，簡直不可思議。不過，後來出現一位年輕女子（安娜），輕輕鬆鬆就把兩塊橡膠片剝開了。「完全垂直拉的時候，表面能的力量很大，但是在真實世界中，你不可能仰賴這個東西，」阿伯特解釋。「當安娜把橡膠片剝開時，她有效地在界面形成一條裂縫。表面能幾乎無法抵抗那種力量，因此立刻就喪失了黏合力。」

對阿伯特而言，吸收和分散**破裂能（crack energy）**的能力最重要，能貢獻最可靠的黏合力，但也最受忽視。「人們總是認為強度和彈性是互斥的兩個因素，因此他們會在自家的黏合劑中增加愈來愈多交鏈（crosslink）提升強度。但這是幾乎所有的情況中都會導致黏合劑效力變差，因為它無法再移動和延展。」絕大多數的情況中，一定程度的柔軟度可以賦予黏著劑彈性，就能因應各式各樣的壓力與張力。或如肯德爾

曾經說過的，「軟性材料最會黏。」如果沒有吸收能量的能力，黏合劑很可能失效，無論它傳統上有多「強壯」。

　　我與阿伯特的對談即將結束之際，我問他為什麼他認為表面能依然在黏合劑界擁有一席之地。他嘆了口氣說，

> 有時候，我覺得這只是因為你可以測量它。它是組實際的數字；而那通常會讓人們覺得自己可以控制，覺得他們明白真實的狀況。不過其中當然也有商業的驅力。有個專門負責表面處理的同事曾經告訴我，他的客戶只對他推銷的達因數感興趣，即使他試著解釋還有很多表面能以外的因素會影響黏性。

　　綜合所有這些因素，我們該如何得知我們手上的黏合劑到底好不好用？這麼說好了，「好用」是個相對比較詞。水可能會讓杯墊黏在玻璃杯底部，但是你不會想靠它固定盤子。而如果膠帶可以立刻形成永久黏合，包裝生日禮物就會成了高風險活動。選擇黏合劑時，我們主要追求的是材料能在使用期間抵抗針對它的力量。那些力量確切看起來像什麼，很大程度取決於我們的具體需求。非常重要的是，黏合劑的性能與它所黏附的表面無法分開來看，因為就像阿伯特常說的，「黏合力是該系統的一種特性。」真正的意思是，萬事萬物都息息相關。這就是為什麼沒有一種簡單、客觀的方式可以測量黏性；沒有單一的數字可以概括你對一項產品所需知道的資訊。針對市售黏合劑，我們最多就是設計試驗，以反映這些產品在真實世界中的應用。

　　市面上有許多黏合劑產品，以及大量的測量標準和獲得認可的試驗形式能實際操作演練。所以相較於嘗試（且無法）用遍所有產品，我選出我認為大家都很熟悉的兩樣產品。

我真的沒辦法寫一本名為《黏黏滑滑》的書，卻不提到利貼®（Post-It®，「利貼」為 3M 官方中文翻譯），尤其是因為在我打字的這個當下，我身邊就貼滿了這些便利貼，每一張都潦草地寫滿後續章節的想法[15]。，3M 最初取得產品專利，並在 1980 年首次於市面上銷售，這些背後有一小條黏膠的彩色紙張之後便成為辦公室常駐用品。有鑑於便利貼現在很普及，人們很容易就忘記它們的開發需要投入多少工程。背後的故事是一段設計界的傳奇，與兩位科學家有關：史賓賽‧席佛（Spencer Silver）與亞瑟‧富萊（Arthur Fry）。時間回到 1960 年代晚期，席佛當時正為航太工業鑽研超強力的黏合劑，但是實驗室的一個失誤，把他導向可以申請專利的發現──可噴灑的微黏性黏合劑，溶劑中有懸浮的微小丙烯酸塑料小球（每一個介於 5 ～ 150 微米之間，或 0.005 ～ 0.15 公釐之間）。這些小球對壓力很敏感，但是很容易恢復原狀，或如席佛在專利中所寫，「直接按壓其中一顆聚合物小球會使之變形；不過，鬆手之後就會恢復球形。」他繼續討論此材料為何可以塗抹在不同表面上，他說那是「一層黏性不佳的黏合劑，很容易黏在紙上，但是又能讓紙撕下來，重新調整位置並重新黏貼。」要再過好幾年，這款黏性不佳的黏合劑才找到其商業用途。富萊是席佛的同事之一，非常熱衷於參與教堂唱詩班活動，但他仔細貼好的書籤經常從讚美詩集上脫落，因而感到懊惱。他希望有一種產品可以黏在頁面上但又容易撕下來，然後想起席佛的發明。兩個人開始合作，並漸漸組成了一個團隊。

15 說句題外話：大部分公司都樂於聊聊自己的成品在技術上錯綜複雜的細節。有些需要稍微哄勸一番，及／或簽署保密切結書。不過儘管我盡了最大努力（超過 18 個月的時間，不斷聯繫新聞處、在我所能找到的所有社群媒體管道發送訊息，甚至請託與公司有交情的朋友說情），我都無法找到「門路」接觸 3M。

他們早期必須解決的問題之一，是黏性便條紙原型每次移出貼面時，就會殘留一些聚合小球在貼面上，因此黏性就會下降一點。如果他們希望便條紙真的能重複使用，就需要找到方法讓黏合劑可以留在便條紙上。他們的解決方法是在他們的黏膠上再塗一層膠水——一種黏結劑合成物，在塗上黏合劑小球之前塗抹在便條紙上，就能固定小球。在為他們「表面塗有丙烯酸微型小球的紙張材料」申請專利時，研究人員不再使用他們用的特定黏結劑簡稱，以及其產生效果的機制（有提到「真空效果」，但僅止於此）。他們稱小球是「部分嵌入，並突出」黏結劑。結果是便條紙上緊貼了一道紋理粗糙、對壓力敏感的黏合劑膜，用非常少量的黏力將便條紙固定在表面。接著，他們得設計出能用機器製作的大量量產黏性便條紙。「不只關乎在紙上塗一點點膠水，」引述富萊在《化學工程師》雜誌（The Chemical Engineer）的說法。該套件早期的原型就是在富萊家的地下室組裝的，據瞭解是使用滾輪塗抹黏結劑，接著再塗上黏合劑小球。即使解決了所有工程方面的難題，此團隊依然得說服 3M 管理階層這款便條紙有其商業市場——那就是它自己的故事了。富萊和席佛的發明頂著利貼（Post-It）的商標在全世界發售後，變得大受歡迎，激勵了其他廠商製作自家的版本。2019 年，便利貼的全球市值估算價值超過 20 億美元（近 15 億英鎊）。

我想特別提的另一個黏膠界超級巨星是瞬間膠（superglue），說出來你可能會嚇一跳，它並不是一個商標 [16]。大部分黏合劑品牌會用自己的名稱銷售該產品，而所有產品都是基於稱為氰基丙烯酸酯（cyanoacrylates）

---

16　就我所能找到的資料，漢高公司（Henkel）是近期擁有「瞬間膠」商標的公司，但是已在 2010 年廢棄。還有另一個不同的商標是「元祖瞬間膠」（The Original Super Glue），由佩瑟科技（Pacer Technology®）／瞬間膠公司（Super Glue Corporation）擁有。

的聚合物。它們因為能黏貼於幾乎所有表面而出名,雖然對申請用來做為黏合劑專利的人而言,那一開始並不被視為優點。二次世界大戰期間,伊士曼柯達公司(Eastman Kodak)的化學家哈利·庫弗(Harry Coover)肩負一項任務,要生產出透明瞄準器以供軍方使用。他的團隊在測試不同的聚合物時,想出一個非常黏的配方,不管沾到什麼都能黏住 —— 而且會永久結塊。沒錯,很有意思,但是因為這並非他們想要的效果,庫弗就將之擱置。直到 6 年後,為了要研究用於噴射機的黏合劑,他才重新想起氰基丙烯酸酯。1956 年,他們通過專利申請[17]。

　　不管是瓶裝或管裝,氰基丙烯酸酯黏合劑都是液態,它們會流動,也會有液體的特性。但是如所有曾經不小心把自己的手指黏在一起的人所說,它們一離開容器就會很快變硬。不過與普羅大眾的認知相反,觸發這硬化反應的不是空氣中的氧氣;而是水蒸氣。瞬間膠只要一接觸到水,$H_2O$ 分子就會與氰基丙烯酸酯結合,兩者合在一起形成又長又互連的鏈結,並開始變硬。在我們這個壯麗的潮溼星球上,大部分表面都永久包覆了一層超薄的水層,讓氰基丙烯酸酯成了你需要黏合劑時有個非常實用又多功能的選擇。它也代表皮膚(會透過呼吸產生自己的水層)特別容易被其快速形成的鏈結黏上。這層領悟之後讓人們開始用氰基丙烯酸酯化合物產品來閉合傷口,以取代傳統的縫合,常見的商品名稱有得美棒(Dermabond)或速近(SurgiSeal)。身為兒童般沒有危機感或自我保護意識的人,我可以證實它們的有效性。

---

17　專利號碼 US2768109,1956 年頒發給哈利·韋斯利·庫弗,名稱為酒精催化的 α - 氰基丙烯酸酯黏合劑組成。自庫弗取得專利之後,該產品改了很多次名稱。一開始叫做「伊斯曼 910」(Eastman#910),很快又重新包裝成「瞬間膠」。後來當樂泰(Loctite)從柯達公司手上買下這項技術後,他們改名為「樂泰瞬間膠 404」(loctite Quick Set 404),之後又稱為「瞬間接著劑」(Super Bonder)。

黏合力毫無疑問是門複雜的學問，但是人類對黏合力的理解讓我們得到一些深遠且嚴格說來很高明的發現，不管是保留了千年的繪畫傑作還是隨時可派上用場的膠水。但是有件事情可能沒那麼理所當然，把物品黏在表面的機制同樣也能用來**防止**它們黏住，而且不令人意外的是，大自然比我們還早發現。

## 滑動（Slip）

在一間氣候受控制的空間中，我盯著大如餐盤的綠葉漂浮於池子中。在光線照射下，有些葉子中央的水珠像珠寶一樣，但是除此之外，它們完好如新。我同事安德烈斯（Andrés）和我一同前往綠意盎然的西倫敦裘區（Kew），來到英國皇家植物園（Royal Botanic Gardens）的實驗室，以瞭解現在就在我們眼前的半水生植物：*Nelumbo nucifera*，它比較為人所知的名稱為 Indian lotus，或簡稱「蓮花」（lotus，又譯為「荷花」）；即使像我這種毫無植物學相關知識的人也曾經聽過這種植物。對印度人和佛教徒而言，蓮花很神聖，通常會聯想到純潔，這是因為其出淤泥而不染的特性。

蓮花可以永保潔淨的秘訣在於其表面，1990 年代早期德國植物學家威廉・巴斯洛特（Wilhelm Barthlott）教授首次對此提出科學角度的說法。多年來，巴斯洛特及其研究同仁用一種稱為掃描電子顯微術（scanning electron microscopy, SEM）的影像技術研究仙人掌、蘭花和其他亞熱帶植物。由於掃描電子顯微術的解析度遠高於標準光學顯微鏡，他們發現了植物葉片上許多先前未知的構造——凸起、絨毛和皺摺。植物學家開始

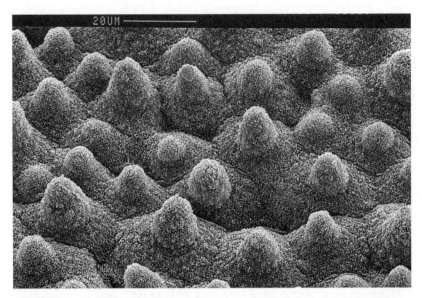

圖 5：這是一片蓮花葉片的影像，可看出出包覆其表面的小凸起的複雜形態。
圖片上方的比例尺為 20 微米或 0.02 公釐。

好奇，那些構造與他們在某些物種觀察到的防潑水特質之間是否有關。
巴斯洛特結合掃描電子顯微術的影像技術和接觸角分析，觀察了 340 種
不同植物的葉片後，他可以開始回答這個問題。他發現大多數可濕葉片
（接觸角偏低的葉片）在顯微鏡下看起來平滑，但是就算用水沖洗後往
往還是很髒。相較之下，疏水性葉片則包覆了一層蠟晶體，使其在顯微
鏡下看起來粗糙；它們通常也沒有髒污。

　　最讓所有人驚訝的是同時結合蠟塗層與各式各樣顯微構造
（microstructures）的葉片。它們的接觸角高到能被視為超級疏水葉片，
而蓮花葉片被發現是之中疏水性最高的（$\theta = 162$ 度）。其與眾不同
的階層式結構——緻密充填排列、不同大小的圓形部位，全都包覆了一
層粗糙、強韌的蠟晶體——提供了一層明顯的屏障，讓任何材料都難以

黏附。水滴無法穿透這層緻密的顯微構造密林。它們頂多只能以近球形水滴的形式停留其上，幾乎不會與葉片有真正的接觸。輕微搖晃或稍微傾斜就足以使水滴滾動，葉片上的灰塵也很快就會被水吸附並帶走。巴斯洛特將這個不沾黏、可自我清潔的能力稱為「蓮花效應」（the lotus effect），後來也為這個名稱申請了商標。

　　從那時候開始，學術界已發表了超過9500篇以蓮花效應為主題的論文。我個人對該領域的貢獻非常微薄，但那正是我科學生涯的起點。當時，我肩負調查工程性表面的濕度特性——矽晶圓經仔細蝕刻，產生不同顯微和奈米尺度的形態，然後塗上聚合物塗層。事實上，我們的靈感就來自蓮花葉片，想看看我們能否運用表面的質地，讓原本就疏水的表面更加疏水。所以那天在裘區，也就是我們得以近距離一睹那些潔淨葉片風采的地方，簡直大開眼界。它提醒我們，就算我們看似達成一些進步，大自然早就是箇中翹楚。最後，雖然我們的工程性表面的研究結果有點沒定論，我們發現我們的確可以控制某種材料的防潑水特性，只要改變其大小和表面特質的形狀即可。在最極端的範例中，我們在兩個化學性質相同的樣本上看到86度和154度兩種接觸角。兩者之間的差異就只有它們表面蝕刻的微小形態。

　　蓮花效應，以及表面質地、防潑水、減少髒污之間的互相依賴，啟發了像自潔玻璃、防污衣料和抗真菌漆等科技發展。吸引我目光的一項近期計畫是在2020年結束的「自潔和抗菌金屬」計畫（TresClean）。該計畫由歐盟出資，主要目的為生產出超滑又抗微生物的金屬與塑膠表面，供食品業和家用電器使用。「我們鑽研已知會形成生物膜（biofilm）的真正成分，」雅德里恩・路堤（Adrian Lutey）博士從義大利帕瑪大學（University of Parma）打來的電話中告訴我。這些生物膜——黏糊狀的

微生物層（如細菌和眞菌），在潮溼環境下會堆積於表面──無論在自然界或工業界都極爲普遍。它們是造成口臭和牙菌斑的主因。它們也會減慢洗衣機的運轉速度或阻塞水處理廠的水管。生物膜一開始通常是附著於表面的單一微生物，所以理論上，如果你可以預防最初的生成，就能阻止這些生物膜形成。自潔和抗菌金屬計畫團隊把重點放在兩種會危害人類健康的細菌：大腸桿菌（Escherichia coli, E. Coli）和金黃色葡萄球菌（taphylococcus aureus, S. aureus），兩者的幾何形狀和表面化學大相逕庭。大腸桿菌的細胞爲桿狀，長達 3 微米，外面包有一層薄薄的液體膜。而金黃色葡萄球菌的細胞是球形，直徑不到 1 微米，沒有外膜。

接著他們觀察這些懸浮在液體中的細菌如何作用於一系列不同的表面：有些是未加工處理、有些拋光到如鏡面般光滑，還有一些表面有受過雷射光照射所產生的質地。「雷射是高度專業的處理，」路堤說明。「發射雷射光會產生超短的脈衝，持續不到兆分之一秒，卻可對金屬表面激發一些非常有意思的變化。」包括尖刺、柱狀和平行脊這些微尺度的特徵都可藉由雷射產生。就是這個最終類脊狀的質地──正式名稱爲飛秒雷射誘發週期性表面結構（laser-induced periodic surface structures, LIPSS）──經證實最能有效防止細菌黏附。路堤和他的研究同仁發現，和未加工處理的不鏽鋼表面相比，在有 LIPSS 形態的表面，大腸桿菌減少了 99.8%，而金黃色葡萄球菌減少了 84.7%。「我們相當肯定 LIPSS 對減少大腸桿菌數量有優異的表現，這是因爲其表面構造大小的關係。它們比細菌的尺寸還小得多，因此可接觸的區域就變小了。感覺就像細菌細胞落在釘床。」不過可能令人驚訝的是，表面的可濕性對大腸桿菌而言幾乎沒有差異──疏水表面與親水表面所黏附的細菌數量都一樣少。但路堤說，金黃色葡萄球菌的結果就沒那麼明顯。「我們沒有令人信服的證據可以解釋爲何這些數據會下降，但是由於金黃色葡萄球菌也不喜歡我們的超級疏水尖刺，我們

心想兩種表面的可濕性和樣貌應該都有影響。」即使還有一些問題沒有答案，但結果似乎大有希望。當然，很難預測接下來會往哪裡發展。路堤希望自潔和抗菌金屬計畫的業界夥伴——包括歐洲家電用品最大品牌博西家電集團（BSH）——會把這項技術投入他們的生產線。誰知道呢？也許哪天就會發明出擁有自潔功能的洗碗機。

　　但是你的廚房裡很有可能已經就有非常有趣的滑溜表面，也許其中最有名的就是：聚四氟乙烯（polytetrafluoroethylene, PTFE），其商標和較爲人所知的名稱是鐵弗龍（TeflonTM）。鐵弗龍跟瞬間膠一樣是意外的發現，一開始是被正在實驗新冰箱的化學家於瓦斯罐內層發現。與傳說相反，這種蠟狀的白色固體並非阿波羅太空計畫的副產品。相對的，其抗腐蝕特性在 1940 年代就應用於曼哈頓計畫（Manhattan Project）。沒錯，鐵弗龍協助了第一顆原子彈的開發。那是該材料應用於炊具的 10 年前，雖然其具體配方從那時候起就不一樣了 [18]。鐵弗龍的光滑性純然來自其聚合物的化學性質，而非蓮花般的極微小凸起或工程性脊結構。其長形的分子鏈由碳（carbon, C）作爲主鏈，周圍被氟（fluorine, F）原子包圍，它們之間的鍵結被稱爲「最強……在有機化學中」。這也導致鐵弗龍分子之間高度的內聚力。實際上來說，這使得鐵弗龍完全不受其他分子吸引；或如史蒂芬・阿伯特所說，其「碳氟化合物不喜歡宇宙中所有非碳氟的物質。」塗抹於鐵弗龍表面的化合物沒有機會與之產生反應；它們無法穿透其構造或和其聚合物鏈混合。事實上，它們會無視表面，因此造就了其高度不沾黏的特性。不出所料，其表面能也格外地低——根據

---

18　1990 年代，美國環境保護署（US Environmental Protection Agency）下令研究兩種鐵弗龍原始成分潛在的健康危害〔稱爲全氟辛烷磺酸（PFoS）和全氟辛酸銨（PFoA）〕。從 2014 年起，這些成分已被視爲「新興污染物」，禁止使用。

3M 公司數據，為 18 達因／公分——鐵氟龍對鐵氟龍的摩擦係數 $\mu$ 值僅有 0.04。

然後你可能會好奇，這個超級不沾黏的材料是如何黏在其他表面（如鋁），製成各種不同的炒鍋。這幾年來有許多方法都取得專利，不過根據我所查到的資料，方法主要分成兩類。其一是根據機械性黏合力，先把鋁磨砂或浸泡在酸液中，弄粗表面。接著再噴一層薄鐵弗龍底漆，這一層底漆不會與表面產生反應，而是會填補第一個步驟所產生的小洞和小裂縫。以高溫烘烤過後，鐵弗龍會在原處凝固。再噴第二層鐵弗龍並烘烤，然後因為這兩層會彼此形成化學鏈結，它們就能形成強韌的塗層。讓鐵弗龍黏附於其他材料的第二種方法是對鐵弗龍進行化學加工。我們可以用帶電粒子撞掉一些它的氟原子，或使用化合物破壞一些碳－氟鏈結，並用其他東西取代氟。不管是採用哪一種方法，都會得到亟欲結合其他物質的外露碳原子。把加工處理過的鐵弗龍加壓壓入鋁表面或任何底漆材料，那些碳原子就會欣然且穩固地黏附。再烘烤有塗層的金屬，一切就搞定了。大多數炊具的鐵弗龍塗層為 20～40 微米；比一張影印紙的厚度還薄。一支不起眼的炒鍋其實蘊藏了大量表面科學。

許多地方都能找到鐵弗龍的蹤影，從牙科和雨具，到太陽能板和空氣清淨機，這都要歸因於其阻止物質黏附的能力。近年來，其他摩擦力更低的材料浮現在市場上。新型合金 BAM 是由硼、鋁、鎂（AlMgB14）及二硼化鈦（titanium diboride, TiB2）構成的複合物，$\mu$ 值不到鐵弗龍的一半，也低於一些類鑽碳膜（diamond-like carbon film）。但它們的成本和泛用性看起來都不會在短期內危及鐵弗龍在光滑度的后冠。

我們自古以來就不斷磨練對各種表面的認知，從使用大地的黏土製作我們的標記，到認識自潔葉片的完美。我們已經習得這些知識，並在

製造材料時用來控制摩擦力，與操縱表面與液體間的複雜作用。透過聰明的設計和化學特質，我們可以製作、打造、結合、強化並美化物品。在我看來，表面科學毫無疑問形塑了我們的世界。

第二章

# 壁虎的爬牆功
## A Gecko's Grip

　　我在 2014 年遇到我人生中的第一隻壁虎，就在一間柬埔寨旅館的陽台上。我頂著悶熱的天氣，結束一整天四處探訪的忙碌行程後，我在路邊攤買點食物和來罐冰涼的啤酒，回我的房間大快朵頤，同時俯瞰暹粒（Siem Reap）繁忙的街道。但我很快就發現我並不孤單——有一隻長 25 公分、淺灰膚色、身上有橘色斑點的爬行動物，一動也不動地攀在我身後凹凸不平的磚牆上。我慌亂地在谷歌搜尋了一番後，確認牠是一隻大壁虎（Tokay Gecko），亦稱大守宮（Gekko gecko），對人類並無害。所以我又放鬆下來，享受牠的陪伴。短短幾小時相處過程中，我的陽台好夥伴在牆上以驚人的速度上下移動，一下穿越磁磚地面，一下又在玻璃門面上奔馳，只為了咬一隻大得驚人的蜘蛛。等到我就寢時，牠已經停在漆過的天花板上。

　　我知道壁虎是出名的攀爬高手，但是那一晚讓我感到驚艷的是這隻爬行動物強大的適應力。無論平滑或粗糙、有上漆或「天然」，似乎沒有任何表面難得倒牠，反觀我們人類走在結冰的街道上卻要小心翼翼（請見第七章瞭解原因），也沒辦法在沒有專業設備的情況下爬上陡坡。壁虎幾乎能攀上任何表面的能力，千年來深深吸引哲學家與科學家，以該能力為主題的研究，從 1800 年代起就會定期出現在科學期刊上。這種爬行動物的神祕色彩（及其天賦）很大一部分來自於牠的足部並不如你所想的那麼黏。它們摸起來是乾的，也不像前一章提

到的黏合劑，它們不會留下任何黏稠的殘留物；也就是說，壁虎可以不靠黏膠來黏附。直到最近幾十年，科學家才終於釐清背後的原因。在揭露真相的這條漫漫長路上也排除了大量觀念，但有一些觀念儘管已被證明錯誤，似乎依然揮之不去（哈！）。所以就讓我們來揭穿真相吧。

## 觀念

　　觀察壁虎的足底，你會注意到的第一件事就是牠的足趾有一層平坦、重疊、像鱗一般的脊狀隆起。這些稱為**皮瓣**（lamellae），至少有一世紀的時間，它們被視為壁虎可以黏附的主要方法。在一本於 1830 年出版的書中，動物學家約翰·瓦格勒（Johann Wagler）表示，皮瓣的作用就像吸盤一樣。這個觀念在當時獲得廣大支持，你可以明白原因為何。有許多海洋生物物種已知會使用吸盤攀爬岩石和表面，而人類至少從西元前 3000 年就開始用吸管享用他們的飲料。大家普遍可以理解吸吮的力量，最後還造就好幾個我們今日所知的實用橡膠吸盤專利 [19]。

　　就跟壁虎的足部一樣，以吸力為基礎的設備不需使用黏性物質就能吸附。在理想條件下，它們也能承受可觀的重量。只要去問「摩天

---

[19] 其中一項專利有個有趣的名字，「空氣旋鈕」（Atmospheric Knob），由發明家奧威爾·H·尼達姆（Orwell H. Needham）在 1868 年取得專利。在任何網路瀏覽器搜尋「專利號碼 US82629」，就能一睹那個旋鈕的光環。

大樓俠」（Skyscraper Man）丹・古德溫（Dan Goodwin）就知道了，他是一名攀登者，從 1981 年就開始用吸盤攀爬高樓。當你在表面按壓吸盤，柔韌的橡膠材料會在形成密封狀態前先從側邊排出一小團空氣。這會在吸盤內部造成一個低氣壓區域——部分眞空，而外部則是正常的大氣壓力。外部空氣分子的重量會對吸盤表面施加一股力量，但是因爲吸盤內的空氣分子數遠遠少得多，因此它們回推的力量低很多。整體結果就是吸盤緊貼在表面，只要維持密封狀態，它們就能保持在原處。皮瓣也是以相同的原理發揮作用的嗎？

首次發表這個觀念一世紀之後，沃爾夫・德利特（Wolf-Dietrich Dellit）這位科學家著手測試。他的假說認爲，如果壁虎的足部眞的可以透過吸力吸附於表面，它們應該會跟標準吸盤有一樣的特性，在低氣壓下比較無效。德利特把活的大壁虎放進一個眞空艙內，慢慢把空氣往外抽，這也顯示了納粹時代的德國有多麼不在乎動物福祉。然而不同於吸盤，壁虎的足部依然吸附在眞空艙壁上，就算眞空艙的氣壓低到使其死亡也依然一樣。這是很具說服力（雖然是場悲劇）的實驗結果。這項吸力假說在 2000 年曾短暫重新試驗，當時由已經鑽研壁虎黏附力好幾十年的凱勒・歐騰（Kellar Autumn）教授帶領一群研究學者進行試驗，他們想辦法量化壁虎足部與平滑表面之間的黏附力。這股吸附力被證實比吸吮可及的力量還要高好幾倍，永遠終結了該觀點。

二十世紀前半又有另一個受歡迎的理論浮現，起因於光學顯微鏡設計的改良。研究人員意識到，壁虎足趾的皮瓣其實並不平滑，而是包覆了一層纖細、緻密的細毛，他們稱爲剛毛（setae）。因爲這些剛毛全都看起來稍微彎曲並朝向相同的角度，人們開始思考它們是否具有類似小鉤的作用，讓壁虎可以抓住表面的不規則處。「攀登者靴子」的假說（剛

毛的作用類似攀登者使用的冰爪，不過是顯微版本），現在稱爲微扣鎖作用，又一次被證實相當受歡迎。有個和它有關的聯想是靜摩擦參與其中。所有這些細毛都大大增加皮瓣與表面之間的接觸面積，因此也許也會提高摩擦力，有助於壁虎緊貼表面。

事實證明要檢驗這兩種觀念頗爲容易。如果剛毛眞的是小鉤，你可以預期壁虎攀爬在粗糙的表面時會比平滑表面更穩固。從不同研究團體進行的實驗證實，壁虎不僅可以爬上最大「隆起」只有幾個原子大小的平滑表面上，大多數情況下，牠們還能更穩固地吸附在比粗糙表面更平滑的表面上。所以小鉤的假說出局了。而假如是靜摩擦的功勞，嘗試通過天花板的壁虎幾乎立刻就會掉下來。但是野外觀察發現壁虎很多時候都是上下顚倒地移動，根據凱勒・歐騰從波蘭打來的電話中的說法，「大壁虎的抓力很強，四隻腳都貼在天花板上時可以承受 30 公斤以上的重量。」在實驗室也觀察到壁虎可以行走在矽等傳統上「低摩擦力」的表面。所以摩擦力的假說也出局了（暫時來說）。

但是如果不是吸力、摩擦力或微扣鎖作用讓壁虎擁有驚人的攀爬能力，那我們還剩下什麼假說呢？

## 電荷

前面提到的德利特還有另一個想法 —— 壁虎可能用靜電的吸引力吸附。當你把兩種不同的材料碰觸在一起，會發生奇妙的事。兩種材料的表面會變得帶電，一個帶正電，一個帶負電，這是因爲電子從一個表面整批移動到另一個表面的關係；因此這些材料會變得互有吸引

力。這完全等同你拿氣球在頭髮上用力摩擦後得以讓氣球緊緊吸在牆上的機制，也是造成羊毛毛衣和聚酯襯衫出現可怕的劈啪靜電的原因。德利特推想，如果他可以消除這些堆積的電荷，他就能測試壁虎是否真的靠靜電吸附。所以，他臭名昭彰的事蹟又再添一椿，他用 X 光消除密封艙內空氣分子的電荷，中和靜電作用，毫無疑問，使用的劑量也超出活壁虎可容忍的安全 X 光劑量。而儘管遭受這樣的攻擊，壁虎依然緊抓不放，因此德利特推斷，靜電並非造就壁虎成為超級攀爬大師的原因。

但是這個假說從未完全消聲匿跡。2014 年，滑鐵盧大學（University of Waterloo）的研究學者執行了一系列的實驗，為了檢驗這些電荷會在壁虎的黏附力中扮演什麼角色。研究團隊用了五隻大壁虎，把牠們的腳放在超平滑的垂直面上，這個垂直面分別塗上兩種不同的聚合物。當壁虎的足墊接觸到兩種材料時，會看到電荷堆積——足墊為正電，聚合物為負電。他們也測量了把足部拖過兩種材料所需的力量。表面電荷的密度愈高，壁虎的足部似乎貼得愈緊，因此作者就推斷，「靜電的相互作用……賦予壁虎黏附力的強度。」

「這項實驗很有意思，但是我不認同他們的主張，」當我詢問歐騰這篇論文的含意時，他如此回覆。「一旦開始用上整隻動物而非單一根剛毛，就很難區隔個別的效果，因此判讀真實狀況就變得棘手。」[20] 雖然歐騰不同意研究團隊認為是靜電影響壁虎抓力的結論，他還是不得不承認，當壁虎踩在特別滑的平面時，它們可能是股額外的力量。其他壁虎專家也同意這點，包括維拉諾華大學（Villanova University）助理教授艾

---

20 歐騰大多是使用一小撮從壁虎腳上取下的細毛進行實驗。他向我保證這可以無痛地進行……或至少不會比拔下參差不齊的眉毛還痛。壁虎的剛毛也會在幾天內就長回來。

莉莎‧史塔克（Alyssa Stark）。她說「很有可能同時綜合了多方因素。雖然大多數團隊對於壁虎使用的主要力量有共識，但是從我們的研究，我無法說那是產生作用的唯一力量。靜電極有可能也出了一份力。」

　　壁虎抓力的原理這麼複雜的部分原因是並非所有壁虎都一樣，或牠們至少並非全都一樣黏。雖然我們把牠們視爲熱帶動物，但是有上千種壁虎科（Gekkonidae）成員已證明自己適應力極強，會居於各式各樣的棲地。其中最著名的一種是黑眼壁虎（Mokopirirakau kahutarae），居住在紐西蘭南島（South Island）的高山上，而橫紋鞘爪虎（Western Banded Gecko，學名：Coleonyx variegatus）則可在美國一些最乾燥的沙漠中找到蹤影。因此，每一種壁虎都是獨特的，牠們爲了生存被迫適應環境。史塔克跟我說，這個差異導致很難寫下關於壁虎的明確準則。「許多品種有爪子，但有些沒有。有些壁虎品種只有三隻有功能的足趾，相對的一般壁虎則有五隻。而且足趾的粗細和形狀差異很大──寫成清單的話會很長一串。」

　　但是在所有眾多差異之中，似乎大部分壁虎都符合一種機制。沒錯，我們終於要說到壁虎可以黏在牆上的秘訣了。

## 足趾

　　足趾的相關線索於 1965 年首先浮現，當時大學研究實驗室才剛開始用現在無處不在的掃描電子顯微術。人類歷史的大部分時間裡，我們只能用肉眼所見的程度量測，所以任何小於 40 微米（0.04 公釐）的物質都完全看不到。光學顯微鏡則是仰賴光和一系列的透鏡，讓我們得以看到

小至 200 奈米（0.0002 公釐）這麼小的物體。這個極限——稱爲繞射極限（diffraction limit）——是光本身造成的。就跟你無法準確測量小於直尺上兩個刻度間的間隙一樣，這些顯微鏡無法解析小於紫外光波長一半的物體。不過，電子的波長約比那還小 1000 倍，且它們有帶電荷，所以可以將他們集中成電子束。要拍攝電子的影像，我們可以把電子束掃過嵌在眞空艙內的物品。電子與物體的相互作用所產生的訊號會被一系列探測器捕捉。當電子束來回移動，就能建立出該物體相當詳盡的影像 [21]。

　　就像第一座光學顯微鏡，掃描電子顯微術展示了前所未見的世界給科學家，包括加州大學（University of California）的魯道夫·瑞寶（Rodolfo Ruibal）和瓦勒莉·恩斯特（Valerie Ernst）。他們一直深受這種爬行動物的足部吸引，懷疑細微如毛髮的剛毛可能握有釐清其攀爬能力的關鍵。因此他們從大壁虎足趾採集小塊的皮膚樣本，放入掃描電子顯微術的鏡頭下以查看會有什麼發現。他們先測量剛毛，長度介於 30 至 130 微米之間，大小約與花粉粒差不多。我們之後發現，每一腳有大約 100 萬根剛毛。但是掃描電子顯微術附加的觀看倍數，還揭露了其他東西——每一根剛毛末端都有嚴重的分叉，分成好幾百根更細的毛，瑞寶和恩斯特將之稱爲「**匙突**」（**spatulae**）。這些分叉的末端難以理解地纖細，正好介於光學顯微鏡的繞射限制。他們的發現完整了壁虎足部的樣貌；那是一個複雜的階層式結構，特色是大小各異。最大的是皮瓣，像鱗片一樣的皮膚皺摺包覆每一隻足趾。每一塊皮瓣上都有密集的剛毛叢；是稍微彎曲的顯微細毛。而在各剛毛尖端則是無數平坦的匙突。

　　正好在那一年前，保羅·曼德森（Paul Maderson）這位動物學家才

---

21　電子顯微鏡在 1931 年發明。那時候，這個儀器相當不實用，只能達到 50 奈米的解析度。到了 1965 年，許多市售系統已能達到一奈米的解析度。

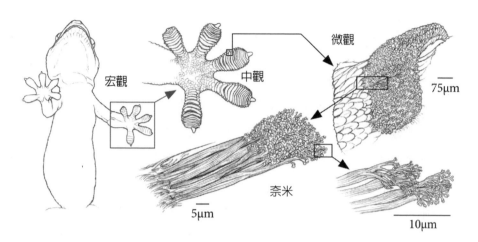

圖 6：壁虎的足部由不同大小的複雜構造包覆。它們能一同提供壁虎攀爬任何固體表面所需的所有工具。

剛確立剛毛（因此也包含匙突）是由 $\beta$- 角蛋白（$\beta$-keratin）構成。這種成分比 $\alpha$- 角蛋白（$\alpha$- keratin）更僵硬、更剛性，$\alpha$- 角蛋白是構成哺乳動物指甲與體毛的蛋白質；$\beta$- 角蛋白並非顯而易見的黏合劑選擇，因其極度滑順、滑溜又堅硬。因此曼德森推斷壁虎神祕的黏附機制不可能應用到材料化學。他反而推論，一定是物理機制造成，取決於這些鱗片上的毛上的細毛所產生的龐大表面積。這使得瑞寶與恩斯特又回到類似摩擦力的力量才是起因的觀點，極大程度上，這個觀點屹立不搖 30 年。

　　把時間快轉到 1990 年代晚期。凱勒・歐騰當時是博士後研究員，正在為美國海軍進行一項研究計畫。他和他的研究團隊嘗試開發高活動度的有腳機器人，可以在滿佈岩石的地面四處活動，起初他們是以蟑螂作為範本。「不過我們很快就明白，問題在於攀爬，」他說。「所以我們開始尋找其他動物模型，然後壁虎出現了。」雖然歐騰在攻讀博士學位期間研究過壁虎的夜行性行為，但他向我坦承，當時他對壁虎的足部並沒有那麼瞭解。「不過深埋文獻堆中幾天後，我發現，雖然我們很清楚

壁虎的解剖構造，但卻沒有人真的知道壁虎到底怎麼攀爬的。」那樣的體悟讓他走上新的研究路徑；而他到現在依然走在這條路上。

第一個重大突破來自陳偉鵬（Wai Pang Chan，音譯）的技巧和耐心，他是非常靈巧的顯微鏡學家，當時主要在柏克萊做研究。他成功從大壁虎的足部取下一根剛毛──僅寬四千分之一公釐。陳偉鵬、歐騰以這個方法分離出剛毛後，就能跟他們的研究團隊著手測量把它拉離表面所需的力道；他們能確認剛毛到底有多黏。根據結果，他們得以估算整隻壁虎的抓力。他們測得的最大黏力很龐大──比任何模式所預測的數值都高十倍。但是更有意思的是，他們發現壁虎的足部天生不具黏性。這些奇特的爬行動物只有在需要時才會啟動黏性，牠們是透過小心擺放牠們的足趾來開啟這項能力。

把你的手掌朝下，放在你眼前的桌上。現在慢慢抬起來。你的手指發生什麼事？如果你是跟我一樣的同類，手指會下垂，或稍微往手掌捲起。但是如我前往威靈頓動物園（Wellington Zoo）拜訪爬蟲類專家時的見聞，攀爬的壁虎發生了全然不同的狀況。每次牠們想要跨一步，牠們會先把足趾尖往後翻，遠離表面地捲起，然後抬起足部，完成分離。牠們每次要駐足，都會反向進行同樣的程序──足根先放下，接著仔細張開足趾。柏克萊團隊發現，就是這個捲起─張開的動作，才是控制壁虎足部黏性的關鍵，因為其改變了剛毛與表面之間的角度。「在我們的實驗中，讓剛毛直接接觸感應器並沒有什麼反應──完全沒有黏性」歐騰說道。「但是當我們小心地拖過表面，與感應器平行，我們開始測量到這些龐大的力量。事實上，我們滑得愈快就愈黏。」這真的讓研究人員大感震驚。通常當東西開始滑動時，只會愈滑愈快。但是對壁虎則完全相反。

運作原理如下：壁虎足趾上稍微彎曲的剛毛通常是近端彎曲，往

後朝向蜥蜴的身體。但當牠們為了駐足和爬上垂直表面而張開足趾時，壁虎的剛毛最後是朝向反方向，也就是往前，朝向牠的爪子。足部一股非常輕微的下滑力（嚴格說來是一股剪力）造成剛毛往外斜削，連帶用上牠們足趾尖奈米尺度的匙突，且大幅增加足部的表面積——在這個配置之下，壁虎的足部是黏的。當壁虎攀爬時，牠的體重也有影響。隨著重力拉住壁虎的身體，其足趾的剛毛會更服貼牆壁，這會進一步增加黏性。

換句話說，壁虎其實需要一點點滑動，才能達到完全的黏性。當牠達到完全黏附時，結果很令人吃驚。大部分大壁虎的體重約為 200 ～ 400 公克上下（0.5 ～ 1 磅）。但理論上，當牠用上四隻腳和所有剛毛時，這一隻小蜥蜴可以支撐 133 公斤（293 磅）的質量。壁虎黏附力的指向性特質也代表這種爬行動物的前肢會出比較多力，使牠們稍微比後肢粗壯。這與人類的攀登者相反，人類多是用腳施加向上推的力量。

對一隻壁虎而言，從「黏」轉換到「不黏」沒什麼大不了——只要改變剛毛的角度就行了，把足部往前推並捲曲足趾就能辦到。一旦這些微毛達到與表面呈 30 度的角度，它們就能順利分離，鬆開足部。這就是壁虎展現其真正超能力的地方。黏附的能力是一回事，但是壁虎可以黏又可以不黏，在不同的表面上不斷自由轉換，終其一生都能如此。把這種能力與一段膠帶相比——即使你成功從表面撕下來，你還是不太能重複使用太多次。壁虎分離足部的速度也很驚人——大壁虎只花 15 毫秒的時間就能做到；眨眼的時間至少都比這麼 6 倍[22]。那樣的能力讓很小的鋸尾蜥虎（Garnot's House Gecko，學名：Hemidactylus garnotii) 可以用每秒77 公分（30 吋）的速度爬牆，如果放大到人類的身高，就能看到壁虎輕

---

22　根據哈佛大學的數據，眨眼耗時 0.1 ～ 0.4 秒，或 100 ～ 400 毫秒。

咬尤塞恩・博爾特（Usain Bolt）的腳跟[23]。

　　所有這些結果都在在顯示為什麼壁虎足部是世界上最聰明的黏性開關機制。但是我刻意忽略一個非常重要的細節——數十億細毛可產生黏性的真正機制。為此，我們必須再把鏡頭拉近到剛毛之上，觀察匙突。

## 偶極（Dipole）

　　原來這些奈米尺度的毛髮可以與表面有這麼緊密的接觸，是因為它們使用了一種原子之間難以察覺的微小作用力。荷蘭科學家約翰尼斯・迪德里克・凡得瓦（Johannes Diderik van der Waals）發現後，將這稱為凡得瓦力（van der Waals, vdW），它們並非活性分子之間形成的化學鍵所造成；而是已經「平衡」的分子之間所形成。要理解它們源自何方，可以回想你在學校自然課看到的原子圖。

　　你現在可能會想到帶負電的電子環繞著中央原子核（帶正電），悉心排列成同心圓層。實際情況則相當不一樣。電子會不斷移動，快速地旋轉，假如我們看得見它們的話，比起一連串固體粒子，它們看起來更像模糊的雲朵。這朵雲平均而言很對稱，意思是其所在的原子沒有整體電荷。但是在任何時候，原子一側的電子很有可能比另一側稍微多一點；這會導致短暫但非常真實的電荷不平衡，稱為瞬間偶極（instantaneous

---

23　牙買加前運動員，傳奇短跑選手，被稱為地球上跑得最快的人。

dipole），原子的一側爲負電，而另一側爲正電[24]。只有在另一個原子與偶極接觸時才會產生眞正的影響。發生這個狀況時，新原子的電子會自行重新排列，所以也會變得暫時極化，其稍微帶正電的那一側會吸引原本原子稍微帶負電的那一側。這會吸引更多原子，產生更多短暫的偶極，不斷發展下去，形成一個意外穩定的系統。原子（或分子）透過這些電子位置奇怪的波動所施加的力量，就是我們所知的凡得瓦力。

　　這些力量和一般靜電之間的主要差異是規模。這些凡得瓦力比傳統分子鍵的力量還要弱很多，傳統分子鍵會共享或提供和接受電子。它們在大約 10 奈米的細微距離也會作用。一旦原子間隔的距離超過這個長度，凡得瓦力就不再存在。幸好，我們的壁虎朋友擁有消除這個間隙所需的所有階層式硬體。其足部大範圍又柔韌的皮瓣可協助牠順應表面的起伏，密集堆疊的剛毛提供高度的表面積，可以進一步增進接觸，而奈米尺度的匙突靠近表面到能把電子吸引至個別原子。因此壁虎的抓力其實跟電學有關。

　　無論野生或圈養的壁虎都有一個共通點，是牠們都會經常取決於活動而改變足部的方向。如果壁虎正在牆上往上爬，牠的四足都會朝向差不多的相同方向——往前，足趾的角度會稍微遠離身體〔想像「爵士手」（jazz hands）的手勢〕。但是如果壁虎是頭朝下地在牆上往下走，牠會旋轉後足，讓足趾朝後，朝向尾巴。既然我們已經知道壁虎是透過凡得瓦力施展黏性，而這些力量是由剛毛和匙突的方向控制，改變牠們足部的位置就合理多了。壁虎的黏附力完全跟方向有關，所以只有當作用於彼此身上的力方向相反時才會發揮功用。如我們所發

---

24　水（$H_2O$）等一些分子就是所謂的永久偶極（permanent dipoles）或極性分子（polar molecules）。水的原子排列成錐狀，氧氣位於頂端，兩個氫離子位於底部。氧氣端會緊抓電子不放，使其永遠比氫離子端還要帶更多負電。這讓水分子之間形成強健的鏈結，這正是水就算在較高溫環境下還是可以保持液態的原因。

現的，重力有助於壁虎爬牆——重力會把剛毛往下拉，誘發凡得瓦力，進而開啟黏性。但是對於在牆壁上往下爬的壁虎，重力會試著反轉剛毛的方向，預示著即將轉換成不黏的模式。壁虎旋轉後肢，就能再次利用重力「好的那一面」——只要完全用上那兩隻腳的剛毛，支撐其體重綽綽有餘。壁虎能走過天花板也全都是跟平衡力有關。壁虎會擺放牠們足部的位置，讓他們的四足往外展開，以身體為中心向外輻射。這能讓重力一致地分散於各足，盡可能用上更多剛毛。這麼不安全的姿勢竟然可以產生有用的支撐。

凱勒・歐騰與其研究夥伴在 2002 年的研究中算出單一剛毛與表面之間的凡得瓦力，約為 0.004 毫牛（等於 0.00004 牛頓）[25]。不論以哪種標準來看，這都是非常微小的作用力。但是只要你回想一隻大壁虎有大約 400 萬根剛毛可以運用，你很快就會明白其所附加的黏力遠高於壁虎支撐自己體重實際所需的力量。常言道，一隻壁虎要承受得住自己的體重，只需要用上不到百分之一數量的剛毛就行了。但是如同艾莉莎・史塔克告訴我的，這不一定代表它們的性能過剩。「你要記得，所有這些研究都是在精心設計、有完善準備的條件下執行，使用的是受控實驗室中的原始表面，」她這麼說。「當我前往大溪地（Tahiti）研究壁虎時，我們看到牠們爬上佈滿青苔的樹木、粗糙不平的岩石和骯髒、潮溼的樹葉。野生壁虎經常斷趾，或擁有無功能的足趾，所以牠們不太可能可以一次用上所有的剛毛。」所以說起來，這不太像是準備過頭，比較像是精準地符合牠們活過多變、複雜環境的需要。

---

25　牛頓（newton，符號：N）是力的單位。其定義為要使質量一公斤的物體的加速度達到 1m／s² 時所需的力。重量——施加於物體上的重力力量——也能以牛頓為單位。所以許多智慧型手機在料理秤秤得 145 公克，但實際是 1.42 牛頓。毫牛（millinewton, mN）則是千分之一牛頓。

# 水（Water）

　　這引我走上另一條路徑。有鑑於凡得瓦力靠得是兩個平面之間緊密接觸，如果是像史塔克教授提到的大溪地雨林那樣潮溼的環境，會發生什麼狀況呢？有水是否會改變壁虎的抓力？或者，如我假裝專業問她的問題，潮溼的壁虎可以黏在物體上嗎？史塔克是討論這個問題的絕佳人選。為了更透徹理解真實世界的環境如何運作，她與研究夥伴一起花了好幾年時間探究表層水對壁虎黏附力的影響。她一開始先測量大壁虎在三種玻璃樣本上的黏附力——乾燥、用水滴稍微沾濕，以及完全浸泡在水中。壁虎被放置在各個表面上，再用小型電動吊帶輕輕往後拖（沒錯，你沒看錯），直到牠們的四足全都移動。這能讓研究人員測量克服壁虎黏性所需的力量——稱為最大剪切黏附力（shear adhesion force）。

　　他們發現壁虎在潮溼的玻璃表面上，黏附力會明顯下降。「這讓我們很吃驚，尤其是有那麼多種壁虎生活在高濕度、高降雨量的環境中，」史塔克說。「我們測量了四足完全泡在水中時的最低黏附力，這時候水絕對會干擾以凡得瓦力為基礎的黏附力所需的密切接觸。」但她承認，這個狀況在野外大概沒那麼普遍。「實際而言，相較於走進暴雨之中並踩入深水坑，壁虎更有可能接觸到僅稍微沾濕的表面。」即使如此，史塔克在稍微沾濕的表面測得的力量，還是比足趾乾燥走過乾燥玻璃的壁虎還低（或比較不黏）。大多數情況下，牠們依然有剛剛好的抓力可以承受自己的體重，但是當環境變得潮溼，壁虎的黏附力就會開始減弱。其中發生了什麼事？

　　回到第一章，我們得知液體黏附於表面的能力關乎表面能和可濕性。

壁虎趾墊極度疏水。它們會有效地排斥水，所以當蜥蜴把足部伸入水坑，會在足趾周圍形成微小的氣囊；水被推開，保持足趾乾燥。但是這項除水的能力有其限制，取決於壁虎最後踩上的表面。在史塔克的研究中，她著重在玻璃表面，這是因為玻璃具有親水性，會吸水。當壁虎的足部接觸到潮溼的玻璃，牠無法完全把水推開，如史塔克的解釋，這會中斷提供壁虎大部分抓力的凡得瓦力。此外，壁虎的足部泡在水中過了 30 分鐘後，牠們的足趾似乎會暫時失去傑出的防潑水能力。水會湧入皮瓣，更進一步減弱牠們的抓力，使得玻璃似乎更滑。

但是如果表面本身就具疏水性，那一切對壁虎來說就簡單多了。在那樣的情況下，其足部和表面都會排斥水，因此兩者接觸時也會很乾燥。那對壁虎而言是理想的狀況——沒有水，其剛毛和匙突都能用來黏附。這也反映出許多物種在野外會遇到的環境：從有蠟的樹葉到樹幹，疏水性表面在自然界中不足為奇。重要的是，壁虎奔跑的頻率高於行走，史塔克之後證實，這有助於牠們更有效率地甩掉足趾上的水。

體悟到可濕性是壁虎抓力的關鍵因子，促使許多研究團體開始探究壁虎碰到工程性疏水表面會發生什麼事——最有名的研究是壁虎與鐵弗龍的比賽，首次討論在 1960 年代晚期開始。德國科學家烏維·希勒（Uwe Hiller）發表的實驗指出，疏水性、表面能偏低的材料（如鐵弗龍），對壁虎而言太滑了，爬不上去。即使他用帶電粒子撞擊鐵弗龍以增加表面能，他的實驗壁虎依然難以爬得更遠。針對單一剛毛的實驗也得到一樣的結果。所以我們也許能理解，史塔克沒有很想在 2013 年再次測試該材料的原因。「不過我的本科學生非常好奇會發生什麼狀況，所以我最後還是同意了。」他們發現的結果讓所有人都大吃一驚。根據他們的結果，活壁虎可以爬上鐵弗龍，但只有在有水的

情況下才辦得到。

「就是那些罕見的發現既讓我們困惑，但也證實我們在野外所見的狀況，」史塔克說。「我們知道壁虎可以毫不費力地爬上最滑的樹木和植物，即使在大洪水過後也一樣，所以水顯然對牠們來說不是大問題。但是我們的模型就是沒預測到在鐵弗龍的結果。」另一個結果就沒那麼令人意外──在中度可濕的材料上，水似乎沒造成什麼差異。壁虎在潮溼和乾燥表面上都能緊緊抓附。但是超級疏水的鐵弗龍則是異數──與我們對以凡得瓦力為基礎的黏附力的認知相反，水似乎增進了壁虎的黏附表現。

研究人員表示，這個結果並不能類推到更多的材料上，而是只特定於鐵弗龍。在那篇論文中，他們歸咎於鐵弗龍的粗糙度。乾燥時，這個粗糙度可以造成空氣隙（air gap），減少表面與壁虎匙突之間的接觸區域。潮溼時，粗糙度好像有點被消除，讓足趾可以充分地緊密接觸，獲得凡得瓦吸力。老實說，這個解釋無法說服我，而史塔克在電話中似乎也同意我的看法。

> 我們單純無法解釋我們的結果，或為何鐵弗龍與其他材料如此不同。在之後的實驗中，我們擾亂它的粗糙度和氟化作用（一種表面加工），以檢視有無任何變化。我們發現後者對黏附力有比較大的影響。我們懷疑靜電可能也有關係，但是還無法肯定。

壁虎黏附力的主要機制來自凡得瓦力，這似乎毫無疑問，但是我與研究人員對談，加上讀了多於我想承認的期刊論文後，我愈來愈認為不只如此。儘管我們不斷又相當密集地進行研究，我們可能還未揭露壁虎黏附系統的所有秘密。

例如，我們依然還沒全面釐清潮溼環境下的角蛋白剛毛發生什麼事。人體的毛髮極容易受濕度影響，主要是因為水有助於 $\alpha$-角蛋白的鄰近股之間形成暫時的氫鍵。雖然它跟壁虎的 $\beta$-角蛋白之間有一些化學差異，但水似乎也有可能也會對其機械性特質產生作用。歐騰毫無疑問相信這件事。他在 2011 年發表的一篇文章中，發現濕度提升得愈高，剛毛會變得愈軟，但是我們不知道在「整隻動物」規模時會怎麼運作。還有許多細胞生物學家認為角蛋白毛髮有額外的功能——蛋白質表面自然產生的正電荷似乎會進一步增強凡得瓦效應。

　　最後，2011 年，在一間黑暗的研究實驗室中，發現了一些神祕的壁虎腳印。「我們發表那篇論文時並不太受歡迎」當我問起這篇論文時，史塔克笑著說。「大家都說壁虎使用的是無殘膠、乾淨的黏附系統，但是如果是這樣的話，這些腳印是哪裡來的？牠們留下了一些東西，我們從未在其他地方看到相關報告。」史塔克跟她的研究夥伴發現殘留物含有脂質——這是通常在像蠟和油這種「滑溜」物質會發現的化合物。她也指出，這些脂質集中並環繞著剛毛，讓她認為這與角蛋白有關。但是她承認，他們還無法解釋出現這些脂質的原因，或它們究竟是哪裡來的。「我們就是沒有答案，雖然我們懷疑那跟快速切換黏性和快速移動有關。可能就是這些脂質有助於剛毛和匙突潔淨又無塵。或是脂質可能與毛髮的結構有關聯。不管是哪個原因，都讓我們知道目前以 $\beta$-角蛋白均質柱狀物為基礎的模式並不完整。」

　　這些尚待解答的問題，只會讓壁虎的黏附系統更加迷人和值得研究。其性能也使其成為工程和材料科學界源源不斷的靈感來源。

# 科技

　　回到 2006 年，當我還在進行防潑水表面的研究計畫時，我看到一篇永遠不會忘記的論文。那篇論文好幾年前就發表在科學期刊上，是由一群來自曼徹斯特大學（University of Manchester）的研究人員所撰寫。其中兩位作者，安德烈・蓋姆（Andre Geim）與康斯坦丁・諾沃肖洛夫（Konstantin Novoselov）教授，後來在 2010 年獲得諾貝爾物理學獎……不過不是因為這篇成果 [26]。這篇論文讓我如此難忘是因為最後一頁的附圖──一個我很熟悉的紅色與藍色玩具，一隻手黏在玻璃上吊掛著。那是一隻真正的蜘蛛人。

　　蓋姆和他的同事受到壁虎高超的攀爬技巧啟發，嘗試要製作出可以重複使用的乾燥黏合劑，大致參考這種爬行動物足部的特色。這是延續凱勒・歐騰 2000 年那篇論文的大量研究之一。與許多其他實驗一樣，蓋姆的膠帶只在有限的條件下才有效，事實上甚至不特別像壁虎。它不像剛毛是由僵硬、疏水的角蛋白構成，蓋姆的膠帶仰賴的是疏水性聚醯亞胺的彈性柱，它們互相黏附的黏性比黏在目標表面還更有效。因此，即使一開始有用，但過了幾次黏貼撕除的循環後就失去黏性了。不過那真的是一張構圖很棒的照片。

　　獲頒諾貝爾獎的科學家無法創造出完全仿生的壁虎膠帶，大家都不意外。大自然花了兩億年的時間才完善了壁虎的階層式黏附系統，而人

---

26　蓋姆與諾沃肖洛夫獲頒諾貝爾獎是因為他們的《二維石墨烯材料的開創性實驗（ground-breaking experiments regarding the two-dimensional material graphen）》獲得認可。他們是第一批分離出此獨特材料的科學家：單層碳原子，我們在第九章會再回來談這個主題。

類嘗試仿造牠們的能力不過才 20 年的時間。如同史丹佛的機械工程學教授馬克‧克高斯基（Mark Cutkosky）告訴我的，「當我們仔細檢視生物系統，我們會發現複雜度很驚人，尤其是運動系統。我們人類完全比不上。」即使科學家的製造工具和加工處理清單不斷增長也依然如此。但克高斯基繼續說道，「也許我們不用真的複製所有細節。也許我們可以製造一個夠用的簡化構造；近似我們在自然界觀察到的狀況就行了。」著重在只複製生物系統最重要的行為，而不是嘗試（然後失敗）做出完美複製品的這個方法，似乎對克高斯基奏效了。我去他的仿生與靈巧操縱實驗室（Biomimetics and Dexterous Manipulation lab）參訪時，發現那是個機器人專家的天堂：有裝滿電子產品的彩色塑膠容器，工具四散在工作台上，其餘空間則塞滿各種外型和尺寸的機器人和原型機——有些設計來奔馳於粗糙不平的地形，有些則可以飛翔並降落在近垂直的表面。但是我是為了攀爬系統而前去造訪。

即使克高斯基非常熱愛壁虎的黏附構造，他很快就說，那不是他在作品中唯一用上的動物靈感。「我們想到的第一件事是應用。你想達到什麼目的？你想要攀爬哪一種表面？」一旦釐清這些答案之後，就能跟生物學家談了。「他們幫助我們找出我們可以偷師的特定動物。我們一再發現，能因應各式各樣表面的最敏捷動物都擁有多種黏附機制；蜘蛛、螞蟻和蟑螂都屬於這種多機制動物。」

以壁虎的例子來說，克高斯基體悟到，雖然階層式結構（公釐尺度的皮瓣、顯微尺度的剛毛和奈米尺度的匙突）負責了大部分的黏性，但是它們並非單獨作業。這種動物極其柔韌的足趾，以及有些物種會有的爪子，也對這種爬行動物攀爬和脫離表面的卓越能力產生顯著的影響。他解釋道，「結合以上所有特點，就能讓壁虎的足部緊密地貼附於長度不一的表面。」所以如果他們想要打造真正受生物啟發的機器人，不能

只著重在設計出腳趾的材料。他們需要放眼整隻動物——「把壁虎視爲一個系統，」克高斯基這麼說。克高斯基與來自五間大學及機器人公司波士頓動力（Boston Dynamics）[27] 的工程師、生物學家（包括凱勒‧歐騰）、材料科學家合作，他在史丹佛的實驗室開始動工。

2007 年，該團隊向全球推出他們受壁虎啓發的第一隻機器人——壁虎機器人（Stickybot）。壁虎機器人的重量大約 370 公克（13 盎司），眞的非常像壁虎。其狹窄的身體有頭有尾，還有四隻腳，各有四隻足趾。一連串的馬達可以讓腳前後上下移動。第三組馬達讓壁虎機器人的足趾可以做出特有的「捲曲—張開」動作，像眞正的壁虎快速穿越表面時會有的動作。足趾本身是用聚合物製成，排列成條狀，外層包覆了數千個矽膠製的小型突起物（wedge）。如克高斯基當時所說，那是壁虎階層式黏附系統「類似但精巧度差很多」的版本，不過很有效。對足趾施予剪力，例如透過機器人爬行時拖慢它們的重量——足趾的突起物會屈曲，緊密接觸表面。雖然比壁虎的剛毛還要明顯大很多，這些彎曲的特性依然讓壁虎機器人得以獲得支配眞正壁虎黏附力的凡得瓦力。

可以說，壁虎機器人最酷的一點是使之移動的機器系統。如我們所知，壁虎可以透過改變剛毛的角度和平衡力而開關黏性。如果一隻壁虎跑過地面，牠不需要有黏性，因此牠的剛毛會保持平攤。但是只要牠開始爬牆，接觸力就會作用於足部，把腳掌朝足趾往外攤開。這樣把剛毛往外展開，會讓足部變得超級黏。這些行爲都是壁虎的本能，必須納入壁虎機器人的設計當中。力量會經由電纜「肌腱」分配。有個回饋系統會不斷監測其足部的位置，並調整施加的力量以黏附或脫離壁虎機器人

---

**27** 波士頓動力大概是當今全球最知名的機器人公司。他們的人形機器人和四足機器犬隨著音樂起舞的影片在網路上四處瘋傳。不過我得承認，我覺得它們有點嚇人。

的足趾。可程式化的馬達能控制「移腳階段」（leg phasing）——換句話說，它們可以確保壁虎機器人總是有至少兩隻對向腳隨時都貼在牆上。這些特色結合在一起，讓壁虎機器人得以用每秒4公分（1.5吋）的速度，攀爬玻璃、瓷磚和拋光花崗岩這類的平滑表面；約是真實壁虎爬過類似表面之速度的二十分之一。

不過這隻機器人有一些其他的限制。有鑑於其足踝關節的設計，壁虎機器人只能往上爬。儘管對爬牆來說已經綽綽有餘，但是力量回饋和指向性黏附的組合還不足以應付天花板。後續版本的壁虎機器人克服了許多這些挑戰，也許更重要的是，讓克高斯基和他的研究夥伴（現在四散於不同實驗室）可以開發出其他技術。

加州大學聖塔芭芭拉分校（UC Santa Barbara）助理教授艾略特·霍克斯（Elliot Hawkes）就是其中一例。2014年時，他是克高斯基博士班學生的其中一員，正在研究受到壁虎足部啟發的可重複使用指向性黏附「膠帶」。霍克斯主要感興趣的重點是運用黏合劑支撐較大的物品，像是人類，以攀爬平滑、垂直的表面。因為說真的，誰不曾幻想過可以像蜘蛛人一樣爬上建築物？他很快就意識到，這並不是全身纏上壁虎膠帶這麼簡單，因為有個他稱為無效放大（inefficient scaling）的問題。他的觀測結果顯示，增加壁虎剛毛到雙倍時，黏性並不會加倍——真正的黏附力往往不如預期。如同霍克斯當時寫下的這段話，「壁虎機器人有一個黏性區域，根據小規模的試驗應該可以承重5公斤（11磅），但實際上卻只能支撐500公克（1磅）。」

霍克斯的解決方法著重在兩項主要任務：

1. 讓膠帶可以盡可能緊貼表面，以及
2. 找到方法均勻分布負重。

　　第一點比較容易辦到——他不是用一大片可能會無法預期哪裡彎曲和屈曲的黏附區，而是把膠帶分成好幾段跟郵票差不多大小的小黏貼片。但是讓那些黏貼片完全同一時間抓附表面以分攤負重，經證實相當困難。霍克斯畫出壁虎機器人足部的設計時，打造了一排肌腱連接各個黏貼片，但是它們有個秘密。這些肌腱附有**遞減**特性（degressive）的彈簧，不同於正常的彈簧，它伸展得愈長會變得愈軟。這使得所有黏貼片會在同一時間感受到力量效應，即使很微小也會感受到，因此負重總是均勻分攤。

　　霍克斯用這些概念設計出一個攀爬系統，是以兩片與步進機制相連的扁足片（paddle）為基礎，這個步進機制會施予必要的剪力，以運用受壁虎啟發的黏附系統[28]。如克高斯基所說，「那真是史無前例。艾略特可以用一個郵票大小的黏貼片按比例設計，讓跟手一樣大的足片整體得到幾乎相同的黏附壓力（每單位面積的力量）。就是這樣的放大功效，讓他得以爬行。」而他的確爬了。非常緩慢也非常小心，爬上大學校園一片高 3.7 公尺（12 呎）的玻璃牆。以我所找到的資料，攀爬系統的開發主要是交給國防高等研究計劃署（Defense Advanced Research Projects Agency, DARPA），這是最初資助此計畫的美國軍事機構，後來成了更廣大（和機密）的人類「生物啟發攀爬輔具」研究計畫的一部分。根據《大眾機械》（Popular Mechanics）的資料，國防高等研究計劃署最近的版本，是結合了指向性膠帶和吸吮機制以攀附於表面。

　　「老實說，攀爬很簡單！」克高斯基研究團隊其中一名成員阿魯爾·蘇雷什（Arul Suresh）這麼說，他從美國國家航空暨太空總署（NASA）的噴氣推進實驗室（Jet Propulsion lab, JPL）透過視訊連線加入我們的對

---

28　網路上找得到很多艾略特·霍克斯的影片，包括一支影片是他打電話給喜劇演員兼電視主持人史蒂芬·科拜爾（Stephen Colbert），因為對方說蜘蛛人可以攀爬貌似不合理。

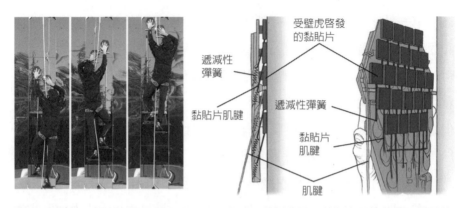

受壁虎啓發
的黏貼片

遞減性
彈簧

黏貼片肌腱

遞減性彈簧

黏貼片
肌腱

肌腱

圖7：艾略特‧霍克斯成功使用他受壁虎啓發的黏附裝置，爬上史丹佛校園一棟建築的外牆。

談。「當你攀爬時，所有的力量都指向同一個方向，所以你可以調整黏貼片的位置以利用黏貼片。但是當力量朝向不同方向時，會變得棘手得多。你拿起球了嗎？」他提到的那顆球就在我眼前的桌上，它明顯的尖端形狀對曾經看過美式足球賽的人來說很熟悉（故意或是因爲可怕的錯誤，猜猜看我屬於哪一種）。

克高斯基伸手過來，遞給我一段灰色的橡膠材料，規格與 OK 繃差不多，但是不具有後者的明顯黏合特性。在它的中間點有一段釣魚線吊掛著。「這是壁虎膠帶，」他解釋道。「往下降，直到碰到球，然後再拉高。」我遵照他的指示，雖然我對結果不完全感到意外，但是當球壯麗地離開桌面時，我眞的喜出望外，僅僅是線上的一小段橡膠就把它拉起來了。「這段膠帶其實是兩塊橡膠組合在一起，它們有相反的極性──朝著相反方向的突起物，」克高斯基這樣說。「一半想要拉這邊，另一半想要拉另一邊。所以當你放在彎曲的平面上，經由中央拉，就會對兩者施加剪力，開啓它們的黏性。因此你能把球拉起來。」

抓起奇形怪狀的物品是許多機器人系統極度努力想達到的目標。以

柔軟、中空構造〔稱為彈性體致動器（elastomer actuators）〕為基礎的夾爪特別擅長順應複雜的形狀。它們是透過讓加壓液體（通常是空氣）流動於排列在開放環中的相接空間而發揮作用。正壓會讓致動器朝向物品彎曲，並抓起物品。抽出致動器的所有空氣，會使其往後翻開，並與物品分離。當目標物很脆弱時，彈性體致動器效果很好，但是他們的抓力低，又依賴摩擦力，代表它們通常受限於抓取小於自身的物品。蘇雷什與其研究夥伴意識到，他們壁虎膠帶的互反向貼片——類似讓我拉起足球的那段膠帶——讓軟質的夾爪有方法可以應付比較大型的物品。在2017 年，他們設計了一個系統結合兩者的最佳優點。這個混合裝置的夾取表面有壁虎膠帶，抓力比傳統致動器更優異，即使使用的液壓低很多也一樣。有點類似用爪子相對靈巧的人用手抓玩具之間的差異。混合系統對抓取點的限制也比較寬鬆。當致動器的兩邊都能接觸到物品時，通常就能把它夾起來。「高抓力」版本會使用三個稍微寬一點的致動器，可以安全且一再吊起 11.3 公斤（25 磅）的啞鈴，即使蓄意偏離物體。

　　該論文其他作者之一是亞倫・帕內斯（Aaron Parness）博士，後來在美國太空總署噴氣推進實驗室擔任機器人工程師[29]。我開始蒐集本章資料的早期，偶然發現了一段帕內斯的影片。在那段影片中，他登上「嘔吐彗星」（vomit comet）測試受壁虎啟發的夾爪裝置；那是 NASA 減重力飛機（reduced-gravity aircraft）的暱稱。它使用特別的飛行彈道以提供一段近乎零重力的時間，測試在外太空使用的技術。影片中可看到帕內斯操控一系列的大型物品——從玻璃箱到筒狀的儲油槽——看起來顯然很輕鬆。我深受該計畫吸引，所以我開始深究。

---

29　亞倫在噴氣推進實驗室服務 9 年後，於 2019 年離開。撰寫本書時，他是亞馬遜（Amazon）
　　機器人分部的首席研究科學家。

原來帕內斯在第一代壁虎機器人計畫就深入參與，而且在加入噴氣推進實驗室後，還持續鑽研受壁虎啟發的黏合劑。但即使夾爪很成功，要挪用到太空科技上還是有挑戰。「我想我登上嘔吐彗星的次數大概有12次，」帕內斯用 Skype 跟我視訊時笑著說。我馬上就感到羨慕，帕內斯又笑了一下，我想我的表情顯然出賣了我。「我們每次上去，就會測試夾爪或機器人系統的一些功能在太空如何運用。我們有大量不同的計畫在進行，但是對所有計畫都很重要的一件事就是重力，或真正來說，是缺乏重力。」如果你回想壁虎怎麼爬就說得通了。牠要靠重力才能讓剛毛負重，並導致奈米尺度的匙突往外展開。但在顛倒的水平平面，如天花板，壁虎必須使用特殊的秘技：「牠們會擺放牠們的足部，讓黏附性方向互相相反，然後擠壓，」帕內斯解釋。「壁虎可以在多隻腳之間做這件事，足趾之間也能稍微施展一下這個能力。」而在太空中，想要效仿這個作用的工程師得要仰賴彈簧或電纜肌腱，才能把相反方向的足墊拉在一起，讓它們抓取。「在某些系統中，我們用了多達 28 個黏貼片，所有黏貼片都朝中央拉向圓心。」

我觀賞帕內斯在嘔吐彗星測試的那個系統，使用了兩種不同排列方式的壁虎黏貼片──8 對方向相反的黏貼片用來抓附平坦表面，兩對彎曲的夾爪用來抓取筒狀或球形物體。有個滑軌系統可以調整各個黏貼片的位置。如果要抓住一個隨意漂浮的物品，會拉緊滑軌，再鬆開釋放張力。就跟艾略特·霍克斯的蜘蛛人足片一樣，共享負重是達到極低附著和脫離力的關鍵，使我們不會只能推開目標物。

夾爪也有「非線性手腕」機制當做緩衝墊，吸收衝擊過程中的能量。在加州實驗室，這能幫助夾爪準確地抓握噴氣推進實驗室「地層控制測試台」（formation control testbed）上的大型物品。這座測試台被親暱地稱為機器人競技場（RoboDome），運作原理類似一個大型的空氣

曲棍球桌——大型物品可以毫無摩擦力地到處移動。「這是讓我們試驗相對運動與接觸動態的好方法。」帕內斯這麼說。在那項試驗中，太空壁虎爪（gecko gripper，嵌在一個原型太空船上）成功地抓起並移動一個太陽能板（嵌在另一個太空船上）。因此，比較小型的太空壁虎爪開始接受太空人測試，在 2016 年登上國際太空站（International Space Station, ISS），並在 2021 年 5 月開始進行另一組實驗。

　　「我們的太空壁虎爪並非所有問題的解答，但是當沒有其他容易抓取的施力點時，這是移動物品非常有效的方法。」帕內斯解釋。「在太空中經常遇到這樣的狀況，所以它們對於國際太空站的維護或甚至是抓取太空垃圾而言，是非常有用的工具。」這款夾爪現在是由商業機器人公司 OnRobot 製造，並且找到了在太空應用的用途，它們經常被用來宣傳可替代抓取地球上大型、表面平滑物品時使用的傳統真空夾爪。但是如帕內斯所解釋，還有一些狀況是太空壁虎爪要想辦法克服的。「灰塵會擊敗目前我們所使用的矽膠壁虎材料。要清潔灰塵很容易，但是當滿是灰塵時就無法運作了。而且它也無法黏附於非常粗糙的表面。」

　　最近韓敬媛（Amy Kyungwon Han，音譯）博士的研究想了一些辦法處理那些限制，她是克高斯基在史丹佛實驗室的博士後研究員。在一篇 2020 年下旬發表的論文中，她提到一個混合夾爪系統，結合壁虎膠帶與靜電。韓沒有重新檢視真實壁虎是否使用靜電吸引的問題，而是修改現有的抓取技術。回到第一章，我們談過靜電如何把不同的材料吸引在一起。這麼說好了，有些情況下，如果讓電壓持續通過那些材料，那吸引力會變得更像把它們拉攏在一起的溫和夾力。這是靜電吸盤（electrostatic chuck）的基礎：它在半導體工業用來移動和操縱已完成裝置及其脆弱原料。那些吸盤在多灰塵的環境中仍有效果，而且承受粗糙表面的能力明顯優於已知用凡得瓦力獲得黏性的壁虎膠帶。但是它們的拉抬能力相當

低，代表比起壁虎膠帶，靜電吸盤基本上只能用來移動輕量的物品。

韓和她的研究夥伴著手設計一個結合這些科技的系統。他們一開始先以史丹佛壁虎膠帶的基礎，做出具有同樣角度、微觀尺度小突起的蠟模。第一層先噴上聚二甲基矽氧烷（polydimethylsiloxane, PDMS），一種以矽膠為基礎的聚合物，在整個模上薄薄包覆一層，同時也填充各個小突起狀凹洞的尖端。其餘突起物則是填入不一樣的材料──表面已知有電荷堆積的橡膠。最後再加上一層不同的聚合物，這層聚合物有電極通過，可以施加電壓。這些多層黏膠墊之後會貼在機器手臂上，用來抓取不同的大型物品，包括一袋雜物、一個玻璃容器，以及一箱罐裝飲料。在玻璃那樣的平滑表面上，靜電沒有賦予任何黏附的效益。但是在紙板等粗糙多孔的材料上，混合墊片達到的黏力比沒有使用靜電的墊片還高三倍。所有情況中，混合墊片都比較容易抬起物品：機器手臂可以只用一半的擠壓力就產生一樣的抬力。雖然這些墊片離商品化還很遠，關於耐用度也還有一些尚未解答的問題，但是最初的結果看來前途無量。韓說，他們可以在「需要良好黏合力或摩擦力的夾爪、接合器和其他應用上」找到用途，且因為它們很結實又輕量，只需要使用非常少的動力，「它們也很適合小型或移動式機器人。」韓的博士後研究部分受到三星（Samsung）資助，而這個計畫有接受福特汽車公司（Ford Motor Company）贊助──這兩家企業每天都會使用機械夾爪。我很想知道這能不能再進一步發展。

壁虎很有可能依然是全世界機器人專家的靈感來源。其足部是終極的攀爬和抓取工具，經過數百萬年演化精鍊，透過操作個別電子而得以攀爬於不同的表面。牠們的黏力來自如此特殊的效果結合，如果不是它原本就存在於自然界，我不確定有人可以想得出這個方法。

第三章

# 游泳去
## Gone Swimming

現在如果回想 2000 年的雪梨奧運，你心中可能會浮現一個名字：魚雷（Thorpedo）。那位名聞天下的十七歲澳洲游泳選手，也就是伊恩‧索普（Ian Thorpe）。他在短短幾天內就贏得五面獎牌（三金二銀），讓全球收看賽事的觀眾都感到驚奇。但是那年游泳池畔的眾人津津樂道的不只有索普數量豐厚獎牌進帳，那些賽事也首次展現新一代泳裝的全部外觀。從脖子包到腳踝，有些泳裝也有運動型的全臂長袖，這樣的設計明顯與以前在奧運泳池的裝扮全然不同。乍看之下比較像是潛水衣，而非傳統泳裝或其他參賽選手喜歡的長版短褲。

索普的緊身衣是由愛迪達（Adidas™）製造，以輕量、剪裁合身、有鐵弗龍塗層的萊卡布料包覆著游泳者。他們花了好幾年時間研發出這套泳裝。這種衣料的緊密性所提供的壓迫特性有助於撫平一些身體的自然凹凸，讓穿著的人能更加流線。幾乎包覆游泳者全身的超滑鐵弗龍有助於減少他們在水中感受到的摩擦力。根據愛迪達提供的資料顯示，造成的結果有顯而易見的競爭優勢──穿他們家泳裝的游泳者，在水中移動時比穿其他品牌泳裝的人更輕鬆。當時新聞報導提到游泳者泳裝的頻率，幾乎跟談論競賽結果一樣頻繁。

但是愛迪達肯定不是唯一一個實驗高科技布料的品牌；也不是遭受最多私下爭議的品牌。在同一場賽事中，英格‧德布魯因（Inge de Bruijn，贏得三面金牌、一面銀牌）等游泳者和索普的隊友麥可‧克利姆

（Michael Klim）則是穿著速比濤（Speedo™）製造的泳裝。他們穿的泳裝也是由緊身的彈性布料製成，並且有黏合的接縫。但是速比濤的織品還包括另一個非常不一樣的特性；它包覆上百個閃亮、皺起的 V 形物，全都指向游泳者的腳趾。

　　這樣的形態提供了該款泳裝起源的線索之一。1996 年亞特蘭大奧運期間，費歐娜‧費爾赫斯特（Fiona Fairhurst）這位年輕設計師拜訪了倫敦自然歷史博物館（Natural History Museum）。她當時正在進行碩士學位的研究計畫，說服速比濤給她一個職位。她前往該博物館主要是為了尋找靈感。「我開始閱讀一些古怪的資料，像是生物力學泳裝和仿生材質，」費爾赫斯特從倫敦打來的電話中這樣告訴我。「我自己就是游泳者，我不斷思考，一定有個方法可以設計我們自己的泳裝，讓它可以有更多功能。」當時，她說，有個假設認為提高游泳者速度的關鍵之一是製造出平滑的表面。「人們總是想到海豚，因為牠們擁有滑溜的皮膚，而且速度驚人。但是這樣的比較並不公平。我們人類從未擁有海豚那樣光滑又符合流體力學的體型。我轉而尋找比較像人類的範例：在水中較笨重的動物。」

　　那樣的探索讓費爾赫斯特轉而研究鯊魚，最後引領她找到奧利佛‧克里曼（Oliver Crimmen），一位退休的博物館館長與鯊魚專家。那次拜訪時，對方向她介紹了皮齒（dermal denticles）——包覆在鯊魚皮膚上的微小 V 形構造，克里曼說，這可以降低阻力。「當天看到奧利佛的展示，我大受震撼，」費爾赫斯特說。「我不禁開始思考，我們能不能製造出一種複製鯊魚皮膚構造的布料；也許那可以提升游泳成績。」費爾赫斯特的研究結果讓她被任命主導速比濤下一套菁英游泳選手泳裝的開發。FASTSKIN（俗稱鯊魚衣）計畫於焉誕生，且有著非常明確的交貨目標——2000 年奧運。「我的職權範圍實際上只是製造出全世界速度

最快的泳裝，並且讓它在學理上站得住腳。」她說。

接下來 4 年的研究期間，費爾赫斯特和她的團隊足跡遍及全球，從紐西蘭的丹尼丁（Dunedin），到日本長崎（Nagasaki）的流體工程實驗室。這項計畫改變了速比濤設計和測試泳裝的方法。「他們原本是仰賴風洞的結果，」費爾赫斯特笑著說。「我們開始在專用的水槽中進行測量，在水槽中我們可以改變水的化學特性到氣溫等所有參數。」他們考量了泳裝布料的各個層面以及構造，「從接縫的位置到縫線的彈性，全都不放過。」

最後推出的這套泳裝是費爾赫斯特的眾多專利之一，由單層材料製成，有特殊形狀的「高彈性常數聚酯氨綸布料」鑲片。游泳者有一系列的設計可選擇，從緊身長褲到無袖的緊身連身泳裝，都是由這種新型布料製成。在 2000 年的奧運賽事中，穿著速比濤 FASTSKIN 的競賽者連續打破 13 項世界紀錄，而泳裝設計每更新一代，都聲稱帶來更新且更驚人的功能與性能。速比濤表示，在 2004 年奧運上亮相的版本——也是由費爾赫斯特開發的 FASTSKIN FSII——可以降低「被動阻力高達 4%」。麥可・菲爾普斯（Michael Phelps）在泳池中贏得他令人難以置信的八面獎牌（六金二銅）時，泳衣就是使用這款布料。而那套泳裝吸引了眾人的目光，尤其是科學界。

要說所有科學家最熱衷的事，大概是測試大公司宣稱的效能。速比濤並沒有編造事實——他們在英國有個專屬的研究機構，水實驗室（Aqualab），雇用了優秀的科學家與工程師；而愛迪達可以說更注重研究這一塊。問題在於他們的焦點是開發商業產品，因此這些公司並不常在傳統科學期刊發表他們的研究結果。所以當第一件泳裝登上新聞頭條，來自其他機構的研究人員會開始對這些泳裝進行自己的實驗。因此，你現在可以找到真的數百篇針對「受鯊魚啟發」的泳裝的同儕評審研究。在我們深入探究其中幾篇文章之前，我們需要更加理解游泳者在水中實

際是如何移動的，以及他們必須克服的表面力（surface force）。

## 游泳

　　首先，無論採用哪一種泳姿，游泳者想要持續移動就需要主動推進自己。沒錯，他們可以滑行一陣子，但是為了要保持加速，他們一定要不斷用自己的雙手把水推出去——這些身體部位產生的推力就佔了全部的 85 ～ 90%。剩餘 10 ～ 15% 來自他們的腿和腳。如同費爾赫斯特在電話中告訴我的，「游泳者的速度只會跟他們划手的速度一樣快。」透過水推進自己要花很多力氣，大概可以說明為何菁英級的游泳者一般都是 V 形的體格（寬肩和窄臀）[30]。游泳者愈強壯，他們可以對水施加的力量愈大，其他條件都一樣的情況下，他們就能游得愈快。所以運動員會拚命增進自己的肌力、耐力，和所謂的最大功率（peak power）——他們可以應用的最大力量乘以他們的速度。

　　但是這些推進力只是故事的一部分。游泳者也需要想辦法解決流體動力阻力（hydrodynamic drag），這詞彙敘述了人悠遊於水中時作用於身上的所有阻力。它可以大略詮釋成水的「黏性」。這股阻力愈大，游泳者愈難往前游動，還可再分成三種主要類別。

　　第一個是**形狀阻力（form drag）**，如其名所示，與游泳者的體型和身形有關。這也是我們在水中行走時會感受到的阻力。因其與速度平方

---

30　伊恩・索普是出了名的大腳人；他的雙腳顯然柔軟度也很高。《紐約時報》（New York Times）報導指出，「他可以用腳趾碰到他的脛骨」，聽起來既迷人，但說實話也有點噁心。身體柔軟度及巨大的腳表面積都是天生優勢，很有可能造就索普終其一生優異的游泳表現。

（$V^2$）成比例，因此形狀阻力在游泳速度增加時變得愈發重要；游泳者的速度變成雙倍時，感受到的形狀阻力會變成四倍。

　　形狀阻力比較容易降到最低，因此很多賽事中，選手得以拔得頭籌，單純只是因為他們盡可能地讓自己變得流線。這能透過游泳者的技術、姿勢與核心肌力辦到。在一篇 2001 年發表在《紊流期刊》（Journal of Turbulence）的文章中，作者認為「大部分泳姿是讓肩膀／胸部在水中形成一個間隙，接著讓臀部與雙腳則通過該空間。這樣的行為通常會被解釋成游泳時盡可能讓身體保持水平。」不過，你仍會希望可以把一些身體部位的形狀阻力加到最大——也就是前臂和雙手，這裡的阻力有助於推進，所以大手會加分。其他值得留意的是，形狀阻力會稍微受到水的密度影響，因為游泳者在鹹水中的位置往往比在淡水中還高。我們之後會再回來討論這個與浮力有關的效應。

　　第二個值得注意的阻力是**波阻力（wave drag）**，這是水中波浪與尾流造成的結果。在游泳池中，游泳者本身就會製造出這些亂流。當他們游在水面，把水推出去時，他們會不斷產生不同速度的水波波包（packet）。游泳者會在這些製造出的意外波浪中喪失能量，這會嚴重阻礙他們前進。在比賽時用賽道來分隔游泳選手，能把游泳選手對彼此造成的影響降到最低。可惜，每個人還是會製造出自己的波阻力，並深受後果所苦。

　　波阻力對游泳表現造成的風險最大，因其在較快的速度時愈佔優勢。它會與泳速的立方（$V^3$）成正比，意思是游泳者速度愈快，波阻力增加地愈劇烈——例如，速度加倍時，波阻力會變成 8 倍（$2^3$）[31]。在水中垂

---

[31]　波阻力對任何通過水面附近的物體都會造成有效的速度限制——如果是船的話，會稱為「船體速度」（hull speed）。

直移動時，波阻力也會放大。在理想的世界中，游泳者所有動作都朝著水平方向移動。可惜人類的身體不是這樣打造的。一方面，游泳者需要時不時把頭抬高到水面上換氣，當他們在游泳池中踢腳時，他們的臀部會旋轉。鑑於以上所有原因，波阻力不可能完全消除，但是游泳者可以盡量維持自己的動作平滑又穩定，並避免雜亂、突然地轉換泳姿，來把波阻力降到最低。

第三種阻力為**表面阻力**（surface drag），或**表面摩擦**（skin friction）。這種阻力會受到游泳者穿梭水中時的表面粗糙度影響。它對游泳表現的影響相對比較小，因為對游泳者的影響與速度呈線性比例（$V^1$）。不過它還是值得在這裡被稍微提一下，因其與我們將在第四章討論的主題有關——層流（laminar flow）與紊流（turbulent flow）。流體（像水）通過表面的方式會取決於該表面是粗糙或平滑。游泳者真正希望的狀況是滑過水面時可以盡可能把阻力降到最低。但是他們身體的凹凸邊緣會導致水流變成紊流，形成微小、渦流狀的波包，吸收游泳選手的能量，偷取他們的速度。因此，許多競技游泳者會著迷於力求身體平滑，這可能包括去除體毛和皮膚角質、穿戴泳帽的方式，當然還有穿著緊身的高科技泳裝。

游泳者所感受到的總阻力是這三種阻力的總和——形狀阻力、波阻力和表面阻力（表面摩擦）。這些阻力都會不斷作用於游泳者身上，但是各個阻力的相對大小會隨著游泳者改變他們的身體姿勢和速度而改變。這些阻力很難單獨切割並個別測量，所以大部分游泳研究人員和泳裝製造商反而都在談論「被動」與「主動」阻力。

你或許已經猜到了，被動阻力是游泳者沒有推動自己時所感受到的阻力，也就是當他們滑行或未改變姿勢前行時感受到的力量。被動阻力的數值其實只擷取到表面摩擦效應和一些形狀阻力，因此它們只不過代

表推力與阻力之間對抗的一小部分。真實情況是，游泳者會不斷游動，他們的速度和大小與形狀在泳姿全程各個階段會不斷地有效改變。如果我們想要更實際的估算他們在游泳池中感受到的總阻力，我們需要測量游泳者積極游泳時的力量。

好的，我說得好像很容易辦到——其實不然。即使是現在這個時代，還是沒有一個標準的方法可以用來測量主動阻力。這很有可能是因為要設計出實驗裝置來反映「真實」泳池情況而不干擾游泳者的游泳能力非常困難。但特別是對速比濤和愛迪達這種大公司而言，這值得他們投入。最後，如果他們可以量化這些阻力，他們也許能夠設計出自己的泳裝、泳帽和泳鏡，幫助他們的選手變得更滑溜，因此也能游得更快。

## 測量

那麼，他們有哪些阻力測量方式？這麼說好了，數十年來的首選技術是名為主動阻力測量（Measuring Active Drag, MAD）的系統，而那系統真的很「瘋」（mad）[32]。1980 年代中期，荷蘭研究人員首先將充滿空氣的 PVC 管浸在長 25 公尺（80 呎）的游泳池中。沿著管路有固定間隔的葉片，一位無名的男性奧運游泳選手在進行爬泳（front crawl，或稱自由式）時會推那些葉片。這些葉片與稱為應變計（strain gauge）的感應器相連以測量力量——在此案例中，是測量游泳者手臂產生的推力。為了要把測量結果轉換成對阻力的理解，研究人員必須進行相當重大的假設：

---

32　我是用愛爾蘭的語感如此形容，在愛爾蘭，「瘋」這個字代表出人意外或超乎常理。

游泳者以定速移動。這樣，他們就能說力量一定全都達到平衡。換句話說，感應器測得的平均推力會等於平均主動阻力。只要算出其中一個，就能推算出另一個數值。

雖然這項實驗的物理學完全站得住腳，但是卻對游泳者造成非常人工的狀況。一開始，為了要讓所有測得的力量都指向同一個方向，他們完全不能使用自己的腳。在主動阻力測量系統中，游泳者的腳會用一個浮性輔具綁在一起，協助他們維持理想的水平姿勢。他們也需要保持自己的泳姿節奏一致，而且準確碰觸到每個葉片，所以他們不能像平常一樣自在地游泳。然後，在後續的實驗版本中，游泳者會戴潛水用的呼吸管，以排除他們把頭伸出水面換氣的必要性。所以整個狀況有點偏離現實，但不是說它沒有用。相反地，它似乎是第一個真的能實際測量一些游泳基本力量的方法，並且廣受研究人員和教練等採用。

自那時起，許多其他獲得認可的技術紛紛出現。名稱帥氣的速度微擾法（Velocity Perturbation Method, VPM）會比較游泳者自由游泳時的最大速度，與他們被電纜和腰帶用已知速度往後拖行時的游泳速度。研究人員假設游泳者在兩種情況下都會產生恆定的力量，所以比較兩種速度，他們就能確認主動阻力。輔助拖行法（Assisted Tow Method, ATM）有點類似速度微擾法，但是這次是往前拖游泳者：他們接受輔助，而非受到阻擋。雖然這能讓他們更自然地活動，但也牽涉到可能準確或不準確的假設。

我想我最喜歡、也剛好是最近接觸到的一項技術，是日本研究者在2018年提出的技術。在那項研究中，游泳者被安置在水槽裡，水槽跟之前的研究一樣與電纜相接。但是這一次，電纜是接到兩組感應器：一組用來測量往前游的力量，另一組則測量往後拖的力量。每一位游泳者的泳帽之下都戴著水中節拍器——一種防水的計時器，會以固定頻率發出

聲音——即使研究人員提高水槽中的水流速度，也能讓游泳者知道要達到的游泳換手速率。這個方法比起其他方法更容易測得較高的主動阻力數值。那代表比較準確或比較可靠嗎？老實說，我也無法肯定。

而那就是要這些技術想要得知的關鍵。即使是世界級游泳專家，關於到底該如何在泳池測量能定義游泳者滑度的力量，還是有諸多爭論。如果我們無法直接一致同意某個定義，那我們——或者任何運動品牌——怎麼可能量化穿著閃亮泳裝所造成的影響？

愛迪達與速比濤研究團隊使用的特定測量系統並沒有詳細、可公開取得的資訊。我們真正有的只有他們的專利，他們發表的「降低阻力」標準〔例如，2003 年愛迪達的噴氣概念（JETCoNCEPT）泳裝聲稱「可提升游泳表現高達 3%」〕，當然，還有他們的獎牌數。要取得這些泳裝的剛性資料（hard data），我們得指望來自獨立實驗室的研究。許多實驗室已用自己的節奏進行這些研究，所有研究的目的都是想要解答這個問題，「這些泳裝真的能幫助人們游得更快嗎？」

主動阻力測量系統的發明者休伯・杜桑（Huub Toussaint），就是第一個執行傳統泳裝與速比濤全身 FASTSKIN 泳裝對照比較實驗的人。在他 2002 年發表的實驗中，一群由 13 名專業游泳者（六男七女）組成的團體，以特定速度在游泳池中游自由式，碰觸到所有必要的力量感應葉片。他們碰了兩次——第一次是穿著 FASTSKIN 泳裝，第二次是穿他們平常的標準泳裝。這讓杜桑可以直接比較游泳者有特殊泳裝與無特殊泳裝時感受到的主動阻力。雖然這套泳裝似乎會讓部分受試者擁有一個小優勢，但是整個群體平均阻力只下降了 2%。杜桑推斷，結果「並未證實速比濤聲稱的穿著 FASTSKIN 可以把阻力下降 7.5%。也未發現阻力下降的統計顯著。」

一樣是在 2002 年，一群澳洲研究人員把 9 名游泳菁英（五男四女）

置入泳池中，為他們接上一個簡單的拖行機制，並測量他們以固定速度在水中移動時感受的阻力。研究人員希望可以確認速比濤 FASTSKIN 泳裝在主動與被動阻力的效果，也就是在水面游泳和水面之下游泳之間的差異。在被動測試中，游泳者只是被拖行，同時維持靜止、流線的姿勢，雙手與雙腳完全伸直。在主動測試中，他們被拖行時，要不斷踢水。游泳者在實驗時有一半時間穿著 FASTSKIN 全身泳裝，另一半時間穿著他們的標準泳裝。

這些科學家發現，泳裝對被動阻力有顯著影響。測量所有受試者的數據後，發現所有速度和兩種深度之下，被動阻力都較低。主要作者奈特‧班詹紐瓦特（Nat Benjanuvatra）博士寫道，「目前研究的結果與速比濤一致（2000），穿著全身式 FASTSKIN 泳裝，可以降低被動淨阻力……平均7.7％。」這個結果有點與主動阻力混合，但是作者依然推斷，FASTSKIN 泳裝的確可以提供比標準泳裝還低的摩擦阻力，讓游泳者更快地滑動。

印第安納大學（Indiana University）的喬‧斯塔格（Joel Stager）教授採用比較沒那麼直接的方法解決問題。他不是試圖測量游泳者應用（或作用於其身上）的力量，反而只觀測游泳的速度。斯塔格蒐集每一位美國奧運代表隊選手從 1968 年開始的試驗數據，用來預測這些游泳選手在 2000 年試驗中可能達到的速度。接著他把此預測結果與所有游泳選手收到各廠牌送來的泳裝進行首次試驗時的實際結果比較。斯塔格的邏輯是，如果這些泳裝真的能降低阻力，他應該能從游泳選手的速度看出顯而易見的變化，變化幅度應遠超出可經由訓練和營養達到的結果。

斯塔格說：「我們把他們的游泳時間拿去進行統計運算，結果顯示新的泳裝完全不會造成差異。」在那篇論文中——雖然我只找到研究結果的統整，而非原始數據——斯塔格指出，只有兩個項目的結果

與預期不符：女子組 200 公尺仰式比預期還慢，她們的 100 公尺仰式則比較快。而在男子組的賽事中則全都未達統計顯著。當時，首屈一指的運動心理學家，且偶爾會與斯塔格共同進行研究的布倫特‧魯紹爾（Brent Rushall）博士寫道，「任何有益表現的證據，如泳裝廠商行銷的那些內容，都不存在於美國的試驗中。現在應該要質疑這些廠商的宣稱的效益。」

我可以一整天不斷調出論文——還有好幾百篇可以選——但是只要看這三篇就能大概看出問題在哪裡。如果你單純只在意穿著緊身泳裝游泳者所贏得的獎牌數，你會飽受壓力想去爭辯它們對游泳表現沒有影響。但是支持實際運作原理的科學共識太少，高科技泳裝在這麼多年來的定位處於一個模糊地帶，位於行銷炒作和科技突破之間。

它們也引發大量的爭議，因為世界上許多菁英游泳者將這些泳裝視為一件裝備而非衣物。競技游泳者一直想方設法要讓自己更滑，包括比賽前去除所有體毛，但是這些泳裝的設計似乎太極端了。因此，它們被指控危及游泳作為一項運動的「純粹性」。2000 年，雪梨奧運前六個月，布倫特‧魯紹爾對國際游泳聯合會（Fédération internationale de natation, FINA）或國際游泳協會（International Swimming Federation）提交一封措詞激烈的信。在那封信中，他認為如果正式採用連身泳裝，「這項運動會遭受無法彌補的改變」，並呼籲禁用這類泳裝。魯紹爾的主張著重在特定的國際游泳聯合會規定，在當時，不准使用「任何會在比賽中輔助他的[33] 速度、浮力或耐力的裝置或泳裝（如網狀手套、鰭肢、鰭片等）。」如魯紹爾所見，泳裝有沒有用並不真的那麼重要——

---

33　啊！總是預設為男性（按：原文使用 his）。幸好這條規定已經更新，現在改稱「他／她」（his/her）

他認為有爭議的在於泳裝的意圖。他寫著「連身泳裝製造商公開支持他們的產品具有表現增強特性，這應該就足以說他們違反此規定，因為，往最壞處說，它們可能會增進表現（在游泳而言，是以速度為標準）。」我想可以肯定地說，布倫特並不喜歡愛迪達和速比濤的泳衣。而他也不孤單。

雖然如我們所知，這類泳裝最後通過審核用在雪梨奧運和之後的賽事。但是使用（以及持續開發）這類泳裝所伴隨的敵意從未真正遠離。幸好對我們來說，與泳裝有關的科學好奇心也沒有真正消失。所以這些日子以來，我們對於高科技泳裝的瞭解比以前還要更加透徹。

## 鯊魚

速比濤發表的 FASTSKIN 和其 2004 年的後繼版本 FSII，行銷手法與成像都非常著重於鯊魚。但是如果你去看當時發給費爾赫斯特和她的研究夥伴的專利內容，很難找到任何字句提及他們的靈感來自魚類。費歐娜跟我說，與炒作相反，FASTSKIN 泳裝從來沒有想要直接、真正挪用鯊魚的皮膚。她那次參訪自然歷史博物館「是個催化劑，一個起點。它讓我認識了皮齒——鯊魚身上微小的凹槽特徵，可以操控水流。人類當然不是鯊魚，但是這個特徵卻引發我們的思考。」

所以當 2012 年，喬治·勞德（George Lauder）這位科學家宣稱這款紡織布料「完全不像鯊魚皮膚」，也許也不該感到那麼意外。勞德身為魚類學的教授，對魚的興趣比對競技游泳者還大，所以他並沒有開始針對連身泳裝的布料進行測試。相反地，他設計了一套實驗，要探究不同

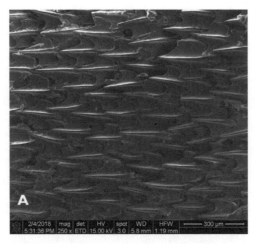

圖 8：成年角鯊（dogfish shark）的皮齒。

類型鯊魚皮膚的流體性質。而在實驗中加入人造材料只是個額外測試。引述勞德的說法，「關於鯊魚皮膚的文獻需要升級了。我們開始進行之後，我以為可以探究速比濤的材料會很有趣，因為我們對表面構造的效應並沒有很多量化的資料。」

　　這時，我們需要快速地岔題聊一下皮齒。皮齒是細小、堅韌、緊密堆疊，像牙齒一樣的鱗片，幾乎所有鯊魚的皮膚上都有。我說「像牙齒」是因為它們其實與脊椎動物的牙齒有很多相似處。我朋友鯊魚科學家梅麗莎‧克里斯蒂娜‧馬爾克斯（Melissa Cristina Márquez）告訴我，它們是「由牙本質和琺瑯質的外層，也就是環繞髓腔的物質組成。」同種鯊魚或不同種鯊魚的皮齒形狀皆各異。你能在任一隻鯊魚的不同身體部位看到不同大小的皮齒。研究人員已表示，這些構造有不同的功能，有的是作為鎧裝，有的是幫助進食。

　　皮齒最有意思的一點是其排列方向總是與水流一致。如果你曾經親身近距離接觸鯊魚（最好是在實作博物館，而不是大海中），我會建議

你用手一路從魚鼻摸到魚尾，然後再逆向摸回來。第一次順向摸到魚尾時感覺會很平滑，第二次逆向摸回魚鼻則會感到粗糙。那都是因為皮齒的方向。

很有意思的地方在於，並非所有海中動作敏捷的游泳健將皮膚上都有這些特徵。同屬勞德研究團隊的狄倫‧溫賴特（Dylan Wainwright）在電子郵件中提到，海豚就正好相反，皮膚特別光滑。「有些齒鯨（odontocete）[34] 物種已知擁有皮膚隆起，但是我們發現這些物種幾乎沒有流體效益。我們認為——至少在我們採樣的物種中——海豚是透過讓牠們的皮膚極度光滑和非常緊繃來克服摩擦力。[35]」海豚有沒有可能是索普第一件愛迪達泳裝的靈感來源呢？不管是哪一方面，我都找不到可靠的答案。

但先讓我們回到勞德的鯊魚實驗。第一步是從兩種以速度聞名的鯊魚身上採集皮膚樣本——尖吻鯖鯊（Shortfin Mako，學名：Isurus oxyrinchus）和鼠鯊（Porbeagle，學名：Lamna nasus）。將這些皮膚樣本組裝進翼片或阻力板，與機器人系統相接，便可以在水槽中「游泳」。這些翼片半數為硬質，製作方式是把皮膚樣本直接貼在硬板上。另一半是柔韌、只有皮膚的膜。勞德故意用砂紙去除部分樣本的皮齒，以進一步單獨確認出他們對降低阻力的影響。團隊使用 FASTSKIN 布料樣本製作一組類似的翼片，並著手比較它們的水下表現。

該研究有個關鍵目標是要確保翼片的動作與真實世界中鯊魚游泳的動作完全相符。所以勞德利用活體動物的觀測結果寫出他的「機器

---

34　齒鯨是有齒的鯨魚，如海豚、鼠海豚（porpoises）和抹香鯨。

35　我熱愛搶眼的論文標題，這一篇就是：Wainright, D.K. et al. How smooth is a dolphin? The ridged skin of odontocetes. 2019. Biology Letters 15, 20190103.（標題中譯為：海豚多光滑？齒鯨類的隆起皮膚）

人推進翼裝置」（robotic flapping foil device）程式。他可以利用名為數位微粒影像流速學（Digital Particle Image Velocimetry, DPIV）的技術，在水中添加數百萬顆微小的反射性玻璃珠，並用雷射照射它們，以呈現流經翼片的水流。當這些珠子通過和環繞翼片時，可以用高速相機仔細追蹤。

　　勞德發現，在柔韌的鯊魚皮膚樣本上，翼片前方總是會立刻形成螺旋形的低壓水區（漩渦）。當游泳循環持續時，這個漩渦會保持與翼片相連，但是漸漸往後移動，最後與翼片分開，並消逝在其後方的水中。翼片回到一開始的位置並恢復游泳後，漩渦又會形成，重複整個循環[36]。數位微粒影像流速學追蹤顯示，在漩渦內，水流會暫時逆向。這個效應是翼片游動時會主動被水往前「吸」。難怪鯊魚游得這麼快！磨砂過的鯊魚皮膚樣本則沒有一樣的加速效果。雖然形成前緣的漩渦，但是很快就與翼片分離，導致游泳速度慢了 12%。

　　這些結果讓勞德推斷，皮齒就是鯊魚克服主動阻力的關鍵。但是效果明顯呈現皮齒的作用遠遠不只是降低阻力──它們似乎會主動增加游泳速度。也許如勞德在《哈佛校報》（Harvard Gazette）的說法，在大多數時候不動的鯊魚頭部，皮齒是為了要降低阻力；而在不斷游動的尾巴，皮齒則是增加推力？我們對此依然沒有完整的答案。

　　但是 FASTSKIN 的布料又是怎麼回事？這麼說好了，游泳表現取決於翼片被機器人裝置移動的方式。在三個動作程式中，如果把可彎曲翼片上的泳裝布料內外翻轉，有兩個程式其實游得比方向正確的布料還快。 第三個則是不管布料怎麼擺放，游泳速度都一樣。對勞德來說，這證實了 FASTSKIN 泳裝表面的表面圖案對阻力並無影響。簡而言之，它

---

36　如果這有點令人困惑，只要記住──我們即將在下一章談論許多漩渦分離的主題，我保證。

們的作用不像皮齒。他說，「我們最後證實，廠商過去聲稱仿生的那些表面性質，其實對推進根本沒有影響。」

雖然這些結果似乎總結了 FASTSKIN 布料受鯊魚啓發、降低阻力的主張，但勞德並不完全排除連身泳裝本身的表現。事實上，他說他「被他們的努力投入說服，但不是因爲泳裝的表面」。所以在破紀錄的連身泳裝背後，還有什麼其他的效應呢？

## 光滑（slick）

2002 年美國發給費歐娜・費爾赫斯特及其研究夥伴珍・卡帕特（Jane Cappaert）的專利中有大量線索。在該專利中，這套泳裝被描述爲「貼身的服裝」以及「以接縫相接的彈性伸縮布料鑲片，剪裁可順應腹部區域和腹股溝區域曲線」。從全身連身泳裝的草圖可以看到，似乎有 20 片這種鑲片全都用密縫、平坦的接縫連接在一起。這些接縫的位置也是經過仔細設想，專利指出，就是這些設想幫助了泳裝達到「高張力貼身」包覆全身的效果。這些設計特點結合在一起，呈現給我們的這套泳裝不僅極度緊密，也能支撐特定肌群。

穿上這種泳裝，游泳者會發現游泳時比較容易維持良好姿勢和身體擺正。這不僅可以釋放一些他們之後可用來推進的能量，也有助於他們保持水平，降低形狀阻力。有些研究人員表示，脖子至膝蓋都包覆的連身泳裝也能降低採自由式、仰式和蝶式時過多的臀部動作，便能降低波阻力。此外，有一群克羅地亞生物力學家發現穿著 FASTSKIN 的游泳者比較不會疲勞，心跳速率也比穿著標準泳裝的游泳者還低。速比濤泳

裝後來的版本，FASTSKIN-3（FS3）也宣稱可以改善游泳者的氧氣平衡（oxygen economy）達 11％。一位速比濤研究主管在 2012 年對《科學人》（Scientific American）提到 FS3 這件泳裝時表示，「就像一輛車的每加侖里程數。你可以用同樣的速度游泳，但是用比較少油。讓游泳選手可以拚命游更久的時間。」所以很有可能這些泳裝提供了游泳者身體整體的「結構性」支撐，壓迫他們的肌肉，減輕疲乏並使他們的身體超級流線。光是這樣就可能足以造就他們了不起的結果。

　　關於高科技泳裝還有另一個名詞也經常提到，那就是浮力。就速比濤 2008 年奧運泳裝，太空泳裝 LZR Racer 而言，尤為如此，這可以說是有史以來最具爭議的泳裝，但是費爾赫斯特跟我說，她跟這件泳裝「完全沒有關係」[37]。LZR 記取每一套 FASTSKIN 泳裝開發的教訓——緊束游泳者的身體，把他們的身體壓縮進光滑、流線的管子裡，並支撐核心肌群。但是這套泳裝遠遠不只如此，這要大大感謝其結構與使用專用的布料。不同於以前的泳裝，LZR 不是用針織布製成；反而有用聚氨酯鑲片，由幾塊「氨綸－尼龍」（elastane-nylon）分隔。就連接縫都不一樣。LZR 不是靠多股線把泳裝縫接在一起，而是用超音波熔接：利用高頻率的聲波融化兩種布料，在兩者之間形成特別強韌（且幾乎看不到）的連結。NASA 也有投入這項計畫，與速比濤合作設計一款無痕拉鍊，「在風洞試驗中，產生的阻力比傳統拉鍊還少 8％」。

　　這些全都意味著設計出的泳裝幾乎無法滲水；防潑水到足以將一圈空氣鎖在游泳者的皮膚與泳裝內層之間。因此，穿著 LZR 的游泳者在水中可以漂浮在較高處，減少他們感受的阻力。這些開發的影響不言而喻。

---

[37] 設計師費歐娜・費爾赫斯特抱持著「除了泳裝之外不做他想」的想法持續了 8 年，在 2004 年離開速比濤。

速比濤表示，北京奧運所有可拿到手的游泳獎牌中，有 98% 的選手都是穿著 LZR 泳裝。那讓義大利游泳教練將 LZR 比做「科技禁藥」，並獲得其他人同意。無論如何，在北京奧運後幾個月內，多家泳裝廠商發表了自家的「橡膠裝」，包括愛銳（Arena）的滑翔泳裝 X-Glide 和 TYR 運動（Tyr Sport）的 B8 泳裝。這些泳裝的確不再使用鑲片了；幾乎完全是以聚氨酯製成，讓游泳者的浮力比他們的前輩還要更高。2009 年世界游泳冠軍打破 43 項世界紀錄，最後終讓國際游泳總會介入。

全身聚氨酯泳裝在 2010 年被禁用。從那時候起，只有可滲水的織品被允許使用於泳裝，且包覆面積變小了。時間來到 2017 年，在「溫度高於 18°C 的游泳池與開闊水面游泳競賽」，男子組的泳裝包覆範圍不可高於腰部或低於膝蓋，女子組泳裝只能從肩膀包覆到膝蓋。不過科技發展並未因此而停滯。這項運動的菁英等級賽事是計算到毫秒的地步，所以廠商依然尋求透過設計提高速度的方法……只是不再透過緊身、浮力效應、超滑連身泳裝的機制。


## 漂浮


在人類、鯊魚和海豚之外，還有很多其他物體需要應付在水中的移動，最明顯的一個（至少對我而言）就是船。所以，在我們結束這一章之前，很快地聊一下船體吧。

船的船體就是其身體。船體是船隻划過水的那部分，所以你可能會想，船體也會感受到許多跟鯊魚相同的流體力量。無論一艘船使用哪一種推進力，形狀阻力、波阻力和表面摩擦都會發揮作用，拖慢其速度。

同樣地，一艘船遭遇的總阻力通常會隨著速度而增加。不過兩者還是有一些差異。首先，船比鯊魚還堅硬，除非它們是高度專業化的船，不然不會在移動時改變形狀。船也往往是在近水面處運行，而不會完全沒入水中。而且跟鯊魚不同，船隻需要不斷對抗生物附著（biofouling），即船隻靜止時堆積在船體的藻類、植物和動物。這些因素全都會影響船的性能以及主要作用的阻力機制。但是如果我們想要讓船開得快一點，要從哪裡著手呢？答案依船而異，為了稍微深入剖析，我們可以考慮幾個不同的設計。

首先是排水型船體（displacement hull），典型代表是獨木舟和漁船。如其名所示，這種船體是靠排水來運行，真的是推開大量的水。因為這種船要仰賴浮力，採排水型船體的船隻移動時不太需要太多推進力，而且相當穩定。但是它們的最高速度受限於它們在水中的水位有多低——船與水之間的接觸面積愈大，會產生愈大的波浪。所以如果我們想要提高漁船的速度，我們必須降低其波阻力。最實際的方法是減輕其重量，這就能減少排開的水，使得船可以位於水中較高處。

輕量的划艇（rowing shells），像著名的牛津劍橋賽艇對抗賽所使用的那些船，也要仰賴排水以保持漂浮，但是因為它們重量很輕，所以只有一點點船體會位於水線之下。它們的設計也很流線，所以可以切過水面。它們又長又細的船形比較不容易受波阻力和形狀阻力影響。根據牛津物理學家和業餘划船教練阿努·達迪亞（Anu Dudhia）的說法，作用於划艇的阻力主要是表面摩擦，約佔這些船感受的總阻力的80%。要讓競賽用的划艇速度更快（除了選用更強而有力的划船手），唯一的方法是改變表面紋理（surface finish）。

如果你追求的是速度，那很難忽略賽艇（racing yacht）的小圈子，尤其是在美洲杯帆船賽（America's Cup regatta）使用的那些船隻。即使

船上沒有引擎，它們的速度可以快到 50 節以上（時速 92.6 公里，或 57.5 哩），這是因為它們能讓船體浮出水上並保持航行。船體有兩根相當粗壯的碳纖維臂突出，稱為水翼（foils）。在高速航行時，這些水翼會在水線下展開，把船體抬高於水面上。這些船是透過盡量減少水中的船體來降低阻力。

　　減少流體阻力不僅是有錢人用昂貴船隻競賽的閒暇追求。也是航運業的執念之一，因為動力船能愈輕鬆地穿越水域，需要燃燒的燃油就愈少。有鑑於海上貿易佔全世界二氧化碳排放量幾乎 3% 的比例，有愈來愈多誘因促使船廠打造出更高效能的船。貨櫃船就是世界上最大的載具，但是就跟纖細又低舷的划艇一樣，它們也必須對抗表面摩擦——低速時約佔作用於船身的總阻力的 90%。如我們從泳裝討論中所知，固體與液體之間的表面摩擦很容易受到表面粗糙度的影響，所以航運公司花了大量時間和金錢確保他們的船體盡可能保持清潔和平滑。其中一種方法，是使用「防生物附著」漆，許多這類產品都含有稱為除生物劑（biocides）的有毒化合物。這些除生物劑會隨著時間從漆料中溶出，防止會明顯弄粗表面的生物生長。正如你所想，管控不佳的抗生物附著漆會傷害更廣大的海洋環境，所以使用規範一直在更新，船廠也漸漸不使用了 [38]。

　　一家從哈佛大學分拆出來的公司最近發表他們對這項成果的貢獻——以豬籠草內層為基礎的無除生物劑漆料，豬籠草是一種著名的豬籠草科濕滑食蟲植物。雖然表面看起來很平滑，但是豬籠草的管狀陷阱內層有好幾百萬個細微的細孔，管狀陷阱內充滿水及／或花蜜。這種液體就像不斷再生的潤滑劑層，製造的表面有多有效，所有不幸接觸到的

---

[38] 銅基塗層在休閒船隻玩家間逐漸受歡迎，但是其有效性和對環境的影響仍有許多爭議。

昆蟲立刻就知道。濕滑斜坡底部等著牠們的只有一池消化液。

　　喬安娜・艾森柏格（Joanna Aizenberg）教授及其在哈佛威斯研究所（Harvard's Wyss Institute）的研究夥伴看到這種植物時，對於溶解昆蟲並不感興趣。他們感興趣的是運用其表面背後的概念，設計出一個超平超滑的塗層，藉著改變潤滑劑成分來排斥水、油、灰塵、細菌和血液等所有物質。他們稱這項技術爲光滑注液多孔表面（slippery liquid-infused porous surfaces, SLIPS），並在 2011 年發表他們的初步結果。光滑注液多孔表面由可調式表面科技公司（Adaptive Surface Technologies, Inc）商品化，這家公司曾經開發可以完全排空的塑膠容器，以及不會殘留任何殘污的儲存槽。他們的抗生物附著海洋漆在 2019 年時上市，根據產品數據表，其結合了聚二甲基矽氧烷（PDMS，一種以矽膠爲基底的聚合物）和在潤髮乳中廣泛使用的化合物。這樣的組合肯定讓漆料非常滑，重要的是，不會溶出任何物質到海洋環境──只會讓生物更難附著在船底。2020 年，在新加坡執行的實驗對這款漆料進行好幾個月的測試，證實這種塗層能「大大阻斷附著的海洋貽貝──最具侵入性的海洋附著生物之一──並能減弱牠們的界面黏附強度。」

　　另外有許多實驗進行，希望透過表面構造控制液體流動，讓船體更滑。稱作肋骨（riblet）的小型肋骨狀脊梁通常會與水流平行排列，這種裝置已接受實驗和理論檢驗。許多研究發現，在堅硬物體上（如船隻），肋骨的確可以降低阻力，有些情況下可多達 7%。

　　波迪爾・霍斯特（Bodil Holst）教授的方法包含使用顯微尺度的「薄煎餅」產生滑溜的表面。最初是在玻璃等光學透明材料上開發，霍斯特的表面可以透過在短環狀構造之間形成水道，用水排斥油。「薄煎餅可以讓一層動態的水在表面穩定流動，」她從卑爾根大學（University of Bergen）辦公室打給我的電話中這樣解釋。「因爲有水，且油和水互斥，

海洋生物常有的油和其他天然聚合物就不會黏附在表面。」霍斯特說明她嘗試用這個方法達到自潔效果的決定，「純粹是出於務實，我們覺得薄煎餅比支柱還容易製作，而且就像短粉筆比長粉筆更堅韌也更不容易斷裂。還有個額外好處是流體效應（flow effect）的尺度。」在 2017 年，她的團隊在離岸的水中感應器上安裝有薄煎餅構造的小窗，這種感應器通常一週清潔一次。一年後它看起來仍一塵不染，促使霍斯特為這些顯微構造申請專利應用。儘管如此，她依然對這項科技的潛能抱持小心謹慎的態度。「我們還有很多功課要做。我不確定生物附著是否會像這樣發展。一旦納入活體生物，所有事情都會變得非常難以預測！我們還探究了其他途徑，像是抗冰表面──畢竟，這裡是挪威。」她笑著說。

在航運業引發眾人關心的另一個觀念是空氣潤滑──用一層泡泡降低船體遭遇的阻力。這能發揮作用是因為空氣的黏度（其黏性的數值）遠小於海水的黏度（約 1.6%）。所以一艘船可以更有效率地在海上移動。這並不是新的觀念：目前市面上已經有好幾款市售空氣潤滑系統，各個地方都會使用，從散貨船到遊輪。這些原本就存在的系統與它們的設計稍有不同，但是都仰賴船底不斷噴出的泡泡。泡泡層保持附著於船體的時間愈長，可能降低的阻力就愈大。但是在海中四處皆紊流的環境，要讓這層空氣層保持在原處是一大挑戰。

結果有一種植物可能會幫得上忙。槐葉蘋（Salvinia）是一種蕨類，終其一生都漂浮在水上。主要生長於熱帶地區，這種蕨類有充分理由被視為一種侵入性雜草。它會迅速生長，形成厚實、大範圍的毯子，可以阻塞緩慢流動的水路，如果它不受控制，會破壞水生生態系統直到無法彌補。但從純然表面科學的角度來看，槐葉蘋很迷人。我第一次聽說這種植物是在湯瑪士·施梅爾（Thomas Schimmel）這位物理學家的廣播訪談上，他介紹結束時，我已經下載了好幾篇他的論文。回到 2010 年，施

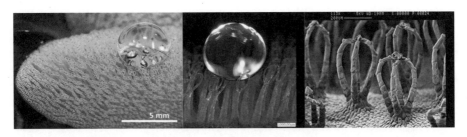

圖9：槐葉蘋極度防潑水。各個表面細毛尖端的小型攪拌器形構造使其有此特性。

梅爾當時跟威廉·巴斯洛特（Wilhelm Barthlott）教授合作，也就是第一位提及蓮花效應的植物學家（見第一章）。他這次的研究目標是槐葉蘋蕨類植物，團隊希望釐清這種植物是如何這麼有效率地保留空氣。

　　槐葉蘋的葉片有一層緻密的毛叢包覆，每一根約長2公釐。如果你稍微把鏡頭拉近一點，會看到這些細毛不那麼複雜──近頂端處，每一根都分叉成4根，在頂端又再度融合。只要是熟悉烘焙的人都會告訴你，它們看起來超像迷你攪拌器。

　　除了每根細毛的尖端，槐葉蘋的葉片還有蠟晶包覆，不只擁有奈米尺度的粗糙度，也能讓葉片超級疏水。研究人員推論，槐葉蘋強烈地排斥水，使其可以在緻密的細毛攪拌器叢林內和周遭有效地製造自己的空氣緩衝。那就是它們即使一次浸泡在水中好幾週也能讓葉片保持乾燥的方法。巴斯洛特、施梅爾和他們的研究夥伴開始將這些特徵複製應用於其他材料上。但空氣層每一次都只能保留在原處幾分鐘。一而再再而三，他們的人工葉片都會沒入裝滿水的水槽中。他們那時才明白，他們還漏掉了一些東西。

　　雖然大多數葉片會排斥水，但每根細毛無蠟的尖端則會吸水。這些微小的親水塊會主動把水固定在原處，把空氣困在下方。如施梅爾在他的訪談中解釋，「細毛可以支撐一層空氣，就像營帳的支柱會支撐營帳

一樣……」空氣無法排出，因為水「被黏在」細毛末端，但是水無法進一步滲透，因為細毛其餘的部位排斥水。」這樣的雙重打擊，疏水性排斥和親水性吸水之間的平衡，就是穩定水與空氣界面的原因。那關鍵可以製造出永久黏附的空氣層，而不會幾分鐘後就消失。

現在為人所知的槐葉蘋效應（Salvinia Effect），可用來製造一些幾乎想像不到的物體──完全不會濕的船。他們永久的空氣防護塗層有助於在靜止時把生物附著降到最低，並在移動時減少表面摩擦。不過儘管空氣侷限塗層（air-trapping coatings）可能提升速度，我們不太可能看到一些領域使用，其中之一就是遊艇競賽。如阿聯酋紐西蘭隊（Emirates Team NZ）的丹‧貝納斯科尼（Dan Bernasconi）告訴我，降低摩擦力的塗層嚴格禁用[39]。

不過，這種塗層在更廣大的船運界可能會找到用途：協助遊輪、油輪和貨櫃船變得更光滑一點。在現在的階段，很難說它有多實用。巴斯洛特和施梅爾都還在研究，全世界許多其他研究團隊也一樣。撰寫本書時，施梅爾正與塗料專家 PPG 合作一項由歐盟贊助，名為 AIRCoAT 的研究計畫。2019 年，巴斯洛特針對疏水型「空氣留存網格」（air retaining grids）發表了好幾篇文章，他認為可讓商用空氣潤滑系統更有效。兩種概念都很穩健，科學原理也很站得住腳，但是一切依然看起來還在「研究與開發」量表的研究階段。

不過有一件事是肯定的──潛在利益很龐大。世界貿易中有 90％是海運。如果這些或其他新塗層可以降低阻力，航運公司就能省錢，一年省下數百萬公噸的燃料，排放的溫室氣體也少得多。根本就是雙贏，不是嗎？可惜，就跟氣候變遷的大量對話一樣，阻礙可能在於主權

---

39 2020 年的船隻分類規則只指定七種標準光面漆供所有選手選用。

而非缺乏科技解方。如同兩位全球研究專家 2018 年在《對話》（The Conversation）所寫的，「國家政府大規模無視國際航運的二氧化碳排放……這是真正的問題，因為如果沒有國家想要為排放量負責，那就沒有政府會想要想辦法減輕排放量。」如快桅集團（Maersk）等個人公司已承諾會大幅減少他們的碳排放量，但是他們還未說明計畫施行的細節。快桅集團的營運長索倫・托夫特（Soren Toft）在 2018 年時告訴美國有線電視新聞網（CNN），他們「需要找到可以從根本上讓未來船隻更高效運行的新科技、新的創新作法。」超滑塗層會是解答嗎？就航運業來說，這點我同意。現在，拜託各位開始跟一些科學家對話吧。

第四章

# 翱翔天際
## Flying High

　　無論你身處地球上的何處，你總是被流體包覆著。你能在水中清楚意識到這件事；即使穿著包覆全身的高科技泳裝，你還是能感覺到身體與周圍水分子之間的作用。如本書前面章節所提到的，水對沉在水中的物體施加的力量，有些具有支撐性並有助於漂浮，有些則會抑制物體的運動，連速度最快的游泳者也會被拖慢。空氣也能施加類似的力量，但是遠遠沒那麼明顯，尤其如果你只是一個在乾地上隨意亂走的普通人。部分原因是因為空氣是密度遠低於水的流體──每公升水中含有的分子數目比每公升空氣還要多大概 1000 倍[40]。一定容量流體中的分子愈少，其提供的阻力愈小，就愈容易通過。依照這樣的原則，我們可以把空氣想成比水還滑。但是要克服空氣阻力還是需要付出一些代價，而我們做出的每個動作都在付出代價。每次你從椅子上站起來、抬高手臂或轉頭，都把數十億個空氣分子猛推到旁邊。而做這件事需要體力。

　　有一組現在很有名的 1970 年代研究（一名運動員與「三名適應長時間體能鍛鍊的非運動員」），讓受室者在風洞與開放空間的跑步機上分別接受一系列行走和奔跑試驗。這項研究由生理學家暨登山家格里菲斯·皮尤（Griffith Pugh）所帶領，目標是更徹底瞭解空氣阻力與體能鍛鍊之間

---

[40] 1000 這個數字來自空氣與水的密度在 15℃的海平面時，分別為每立方公尺 1.225 公斤與每立方公尺 999 公斤。比較每公升分子的數量，你會得到一樣的結果，水中是 $10^{25}$，空氣中是 $10^{22}$。

的關係 [41]。他希望量化穿越空氣所需使用的體力。皮尤測量了每位受試者在執行任務時消耗的氧氣量，以間接方式達到目的。結果發現，無論是走路或跑步，逆風前進時真的都需要比較多體力。有一位受試者以每小時 4.5 公里（每小時 2.8 哩）的速度定速行走，面臨強風（大約時速 66.7 公里，也就是 41.4 英哩）時，使用的氧氣量約是無風條件下相同速度的 3 倍。如果戶外無風時，皮尤推斷，戶外跑者克服空氣阻力所需的體力，會是馬拉松跑者總能量輸出的 8%，且是短距離短跑者的 13%。雖然後續的研究中，這個數字繼續下降──降至馬拉松跑者為 2%，短跑者為 7.8%──但核心依然不變。即使很稀少，但空氣還是對物體施加了阻力。

這股力量造成的影響既可測量又無法避免，而且它們已影響我們周遭世界的演化和諸多設計。是時候一窺空氣動力學（aerodynamics）的奧祕了。

## 阻力（Drag）

只要空氣實際接觸到實體，該處就會發生氣動阻力（aerodynamic drag）。兩者之間也需要有速度差。可能是一個物體穿越靜止的空氣（例如在無風的天氣下丟一顆球），可能是空氣流經靜物（例如風相對所有栓在地上的物品），或空氣與物體都在移動（例如迎風開車）。到底哪一方在移動並不真的那麼重要；只要有相對運動，就會有阻力。

---

41　皮尤的人生很精采。1953 年，他是第一位成功於珠穆朗瑪峰攻頂的首席科學家。他對寒冷和高海拔高度對人體影響的研究連帶改變了高海拔登山運動，影響遍及登山者服裝和裝備的設計，以及飲食和液體攝取。

如你所預料，氣動阻力與拖曳游泳者、鯊魚和船隻的液動阻力（hydrodynamic drag）有許多共通點。首先，這種阻力往往會隨速度增加；你穿越空氣時移動得愈快，遭遇的阻力愈大。這種阻力也能再分成好幾種類型，包括形狀（或壓力）阻力和表面摩擦。但是除此之外，關於阻力還需要再補充一些細節，主要是與流體有關。先讓我們從**動態黏度**（**dynamic viscosity**，$\eta$，英文發音「eta」，華語發音似「埃塔」）開始，它定義了流體對流動的抗拒程度。其實此數值是流體的內摩擦，代表其分子的黏著性多強。數值愈高，流動的可能性愈低。我們最常用黏度來說明液體的黏性；例如，橄欖油的黏度約比水還高 80 倍。量表再往上，你會看到其他液體，例如蜂蜜（水的 10000 倍）和番茄醬（高達 20000 倍）。如空氣等氣體也是黏的，只是數值比液體低，不過也許沒有你想得那麼低；水和橄欖油之間的黏度差異，比水與空氣間的差異還大 [42]。

　　黏度對阻力產生的主要影響之處正是流體與固體之間的界面。想像有個盒子放在強風中的地面上。當空氣掃過它時，離箱子表面最近的分子會黏附其上，這要歸功於摩擦力。因此，它們的速度就跟箱子一樣為零。離表面遠一點的分子會移動，但是速度受限，因為它們會與這些靜止的分子碰撞；把它想成你穿越站著不動的擁擠人群時會遭遇的碰撞——不論你動作多敏捷，速度還是會慢下來。我們離表面（或人群）愈遠，那些動不了的分子（或人）對整體氣流造成的影響愈小。最後，距離表面夠遠之後，會有一處的所有空氣分子都達到以相同速度移動的程度；這就稱為自由流速度（free stream velocity）。空氣速度從零增加至自由

---

[42] 這是根據同在常溫（15℃）及常壓（1 標準大氣壓）時，兩種流體的黏度分別為 890 $\mu$ Pa.s（水）與 18 $\mu$ Pa.s（空氣），數值相差約 50 倍。

流速度的那一層會稱爲**邊界層**（**boundary layer**）。正是那一層內的分子行爲定義了阻力。

　　有兩種主要方式可描述這種流體。如果分子有秩序的一起流暢地經過彼此身旁，而沒有混合在一起，那麼該邊界層就是**層流**（**laminar**）。層流可說是「行爲端正」，但是發生層流的條件有限，因爲其不穩定，且在自然中相對罕見。你看到**紊流**（**turbulent flow**）的可能性大很多，是快速混合在一起的流體漩渦（稱爲渦流，eddy）。相較於層流，紊流是雜亂、無法預測的凌亂狀態……而且我說無法預測是眞的。沒有基本的數學理論可以完美陳述紊流的特性，也沒有通用的一致的定義[43]。當然，科學家和工程師並沒有因此就不再研究紊流——只是會影響他們使用的工具。一般而言，釐清紊流需要使用統計和概率，平均大群分子的行爲。從實務面來看，這個方法非常有效，讓人類得以設計出可用無法想像的速度（稍後會再更深入談這一點）移動的系統，但是從數學上來說，紊流依然是無比複雜的議題。

　　層流和紊流可以（也的確）共同存在，這兩種狀態之間的轉換是流體動力學的中心信條。任何流體的流動都能透過雷諾數（Reynolds number, Re）預測此臨界點，雷諾數這個名稱是來自其十九世紀的發現者奧斯鮑恩・雷諾（Osborne Reynolds）。雷諾數是流動流體慣性力（inertial force，其持續移動的能力）與黏性力（viscous forces，其黏性）之間的比值。通常會這樣表示：

$$\text{Re} = \frac{\rho \, \text{vL}}{\eta}$$

---

[43] 那微－史托克方程式（Navier-Stokes equations）是在 1820 年代發展而成，廣泛用於模擬液流，但是因缺乏數學證據而無法確定這個方程式永遠有效。有人提出 100 萬美金的獎賞，鼓勵大家發明出這樣的方程式。

ρ（rho）＝流體的密度，v＝流速，L＝距離或長度，而 η＝流體的動態黏度（dynamic viscosity）。這個方程式告訴我們，當黏性力佔優勢時，雷諾數偏低，這在流體的 η 偏高時會發生，及／或其緩慢移動時（v 偏低）。這會導致層流出現平滑、像紙一樣的運動。如果慣性力佔優勢——例如流體的速度很快，及／或黏度非常低——雷諾數就會比較高，並產生紊流。

　　但是這個簡單的方程式還傳達了其他重要的訊息：如果把任何黏度的流體加速（增加 v），就會提高雷諾數。換句話說，單純加速流體就足以使其從層流（低雷諾數）變成紊流（高雷諾數）。我們在真實世界中時常看到這種情況。拿瀑布舉例——其上游為層流，水流清澈又流暢，但是愈往下，當水流因重力而加速時，紊亂失序的紊流就會出現。同樣地，香菸點燃時，冉冉升起的煙霧一開始會狹窄、垂直地移動，之後在菸頭上方幾公分處則會隨興地混合在一起。

　　流體中發生紊流的雷諾數會隨流體的流動處而改變。如果是在狹窄的管子中，則邊界層會在雷諾數大於 2900 時從層流變紊流。針對我們前面提到的放在風中的盒子，雷諾數可能需要達到 50000 才會變成紊流。雷諾數的美好在於儘管它很單純且幅度很大，但能用來預測流體的流動，且適用於任何規格。例如，這個比值有助於我們根據迷你模型測量到的數值來理解實物大小的飛機會如何飛行。

　　說到紊流與阻力之間的關係，再也沒有比惡劣天氣下搭飛機所感受到的反胃那麼明顯的了。乘客在飛機上經歷的起伏顛簸正反映出流體中的實際狀況。在紊流邊界層，流體運動是動態且不穩定的——當分子混合與旋轉，速度較快的流體波包（packet）會被帶到離表面比較近的地方。這些渦流會緊抓表面，快速增加表面摩擦阻力。這就是為什麼紊流邊界層是空氣動力學家的夢魘——它們的存在會導致比層流層

還顯著的阻力。我們之後會發現，想要製造可以在空氣中移動速度更快的物體，眞的關乎把紊流降到最低，或至少延遲層流至紊流間的轉換，直到其離你珍貴的表面愈遠愈好。即使是最細微的干擾——幾片灰塵碎屑、一個刮痕或凹痕——都足以把層流轉換成紊流，大大增加該物體感受到的阻力。航空公司與貨車公司會盡量保持他們的運輸工具乾淨和平滑，因爲不那麼做要付出的代價會反映在他們的汽油帳單上。

但是就如一位英國工程師進入 20 世紀時證實的那樣，說到飛行，粗糙度並不總是壞事。

# 球

不管你相信哪一份可疑的網路清單，世界上最多人觀看的運動全部或絕大多數都跟踢球、打球、丟球或接某種球有關。無論他們自己有沒有意識到這件事，這些運動中經驗豐富的選手都會對空氣動力學培養出一種直覺且老練的見解；他們知道怎麼讓球朝他們想要的方向移動。投球手會先用腿摩擦板球的一側，再往下投給等待的擊球手。網球大滿貫贏家會調整球拍的位置，讓網球剛好擦網。或足球中場球員很清楚要踢哪個點，就能讓球旋轉超出守門員可及範圍。在這些時刻，每一位球員都會做出決定，主動改變球在空氣中的移動方式。他們欺騙邊界層，並玩弄紊流，操縱複雜的表面作用以利自己贏球。但是不是只有他們這麼做——球也會影響自己的移動方式。

以高爾夫球這種至少從 1400 年代開始就問世的運動來說，現在每年

有數千萬人在打高爾夫球。直到進入 20 世紀之前，高爾夫球大部分的進步都著重在球的原料。羽毛製球（featherie）以織造的皮革球面密實地塞滿鵝毛，擁有絕佳的飛行特性，因此作爲盛行主流超過 300 年時間。但是後來變成橡膠製球（gutties），以馬來樹膠（gutta-percha）這種類似橡膠的合成物製成，率先協助該運動普及 [44]。橡膠製球比羽毛製球便宜，也比較容易製作，它們更堅韌、不會吸水，而且可以飛得更遠。無論球是皮革製還是橡膠製，這些早期製造廠商都深信一件事 —— 表面達到平滑是讓球飛得遠的關鍵。不過球員開始懷疑並非如此，他們發現老舊的橡膠製球在經常使用導致凹凸不平後，常常比乾淨的球飛得還遠。這效應明顯到讓球員開始故意毀損他們的橡膠製球。廠商必須做出回應，到了 1890 年，質地粗糙的高爾夫球開始在市面上販售。一連串讓球看起來有點像黑莓（或懸鉤子）的凸起，是最受歡迎的紋路，但是這背後其實沒什麼可靠的科學原理支持。

來到威廉‧泰勒（William Taylor），一位注重細節的工程師，同時也是業餘高爾夫球員，來自英格蘭的列斯特。泰勒對高爾夫球毫無條理的設計與製造方法感到失望，開始進行他自己的實驗。他一開始先建造一個迷你風洞：前艙爲玻璃艙，可以用不同速度把煙吹向佈滿紋路的球面。觀察煙沿著所有表面的行爲，他便能確認讓球飛行的理想選擇。他得到什麼結論呢？一顆滿是凹洞、如反轉懸鉤子（bramble）紋路的球具有最好的性能。泰勒於 1908 年獲頒的專利中，寫著球面上的凹洞「在平面上一定要大致呈環形，而且大致上均勻分布，一定要很淺，且側邊一定要有明顯落差，尤其是洞口處。」今日，所有高爾夫球都承載了泰勒

---

44 馬來樹膠好幾世紀以來已廣泛用於各種地方，但是最先開始使用的是馬來人。那是一種萃取自其同名樹的樹汁。是一種熱塑性塑膠，意思是高於特定溫度之後會非常柔軟，但是冷卻時就會固化。

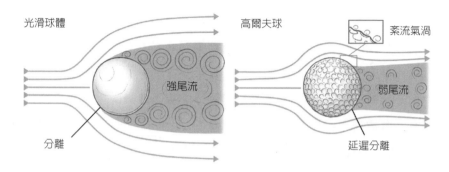

圖 10：一顆光滑的球和有凹洞的球穿越空氣時的表現非常不一樣；這與其外表面建立的紊流區域大小和形狀有關。

的影響，每一顆球的球面都有 300 ～ 500 個淺凹洞。

　　為了理解這些凹洞對球的空氣動力學有什麼影響，我們首先要先想一下表面光滑的球飛行的樣子。如我們所知的，如果你想要維持層狀的邊界層，那平滑表面會有幫助。就跟我們放在風中的靜止盒子一樣，層流中也有表面摩擦，但是相對偏低，代表阻力應該也很低。目前為止，都很滑。但是表面摩擦並不是移動的球唯一會遭遇的阻力。有鑑於球體飛行時會有數十億空氣分子猛擊，在球體前方也會累積壓力。在那樣的高壓區，有些微粒是靜態的。移動的空氣會嘗試保持附著於表面，會順應其輪廓，在球體的前半部形成非常薄的一層層流邊界層。但是在球的兩端附近，情況則不同。邊界層增厚加上加速的空氣分子，會導致氣流突然脫離表面，在球的後方產生一個尾流（wake）——充滿紊流、低壓的區域，會減慢其速度。

　　這樣的邊界層分離，就是**壓力（或形狀）阻力**的來源。因為其與物體的形狀有關，因此如果是我們的盒子般的平坦表面，它就很容易被忽略，但這卻是移動中的球遭遇之阻力的主要形式。尾流也有助於定義物體的空氣動力學大小——低壓區愈大，球在空氣中「看起來」愈大，（壓

力）阻力也愈顯著。

球體表面的淺凹洞就像是一連串細微的缺陷。高爾夫球以一般速度飛行時，有這些凹洞對球體前方的氣流並不會產生實際影響——這股氣流大部分是層流。但是球體兩端的空氣分子並不會分離，反而是經過凹洞上方，導致邊界層出現紊流。這會增加表面摩擦，有助於氣渦在流經球體附近時，緊抓表面更久一點。有凹洞的表面有效地延遲了邊界層的分離，產生更小的尾流，並顯著降低壓力阻力——降幅比起稍微增加表面摩擦綽綽有餘。

泰勒組裝他的煙艙時，是想要確認這些紊流的渦流的存在及其位置。他發現，球體後方的表面積愈大，整體阻力愈低。凹洞的大小、形狀、深度和位置都有影響，但是整體而言，一顆有凹洞的球所遭遇的阻力會比同樣大小的光滑球還少一半。意思是這樣的球可以飛到兩倍遠的地方。這些都在在顯示，有時，設計完善的粗糙表面會比光滑表面還有用。

球在穿越空氣時又同時旋轉的話，運動競賽就更具空氣動力學方面的趣味了。如前所述，球體前方有個高壓區，後方有個低壓區，表面有混合的紊流與層流邊界層。但是加入旋轉的動作後，空氣分子的「黏著」層就會沿著表面拖曳。所以如果球丟出去時倒旋——從側面看是順時鐘旋轉（參見圖 11）——則球體上方的邊界層的移動方向會與氣流相同。這讓空氣附著於表面的時間更長，讓氣流分離點變成朝向球的後方。在底部，邊界層移動的方向與氣流相反，使其幾乎是立即與表面分離，分離點非常靠近極點。這些分離點的不對稱代表大部分氣流是向下偏轉。因為這會對球體施加相等但相反的力量（都要感謝牛頓！），因此球體會向上偏移。球旋轉的速度愈快，這股力量愈大，偏移也愈大。

物體周圍這股不平衡的氣流所產生的結果，與鳥和飛機為了飛上天際所利用的升力相似（之後會再詳述），但是當物體是顆旋轉的球，這

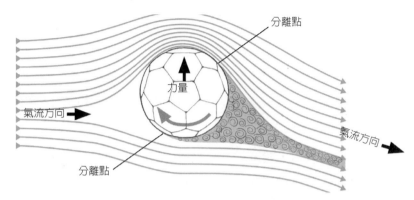

圖 11：馬格努斯效應（Magnus Effect）說明了為何踢出去的足球可以「轉彎」。

股力量就會稱爲**馬格努斯效應（Magnus effect）**，在許多運動中都看得到。足球明星大衛・貝克漢（David Beckham）出了名的「弧線球」或轉向球就是因此而起[45]。只要身體往後傾倒時踢球偏離中心的位置，他就可以讓球旋轉，使其上升和旋到足以高過守門員的位置，射進球門。這個動作的極端版本稱爲香蕉球踢法（banana kick），在球場上會看到專業球員踢出角球。在網球界，球員通常是發出上旋球，也就是球會以與後旋相反的方向旋轉。那會轉換產生的力量，使球往下朝球場轉彎。擅長利用旋轉的眞正大師則是桌球選手，可以利用他們質地粗糙、有橡皮包覆的球拍，對很輕的桌球打出大量上旋、倒旋或甚至側旋球[46]。

　　但是有兩種運動會讓馬格努斯效應大幅升級。板球和棒球乍看之下

---

45　馬格努斯效應是以 1852 年正式提到此效應的德國科學家海因里希・古斯塔夫・馬格努斯（Heinrich Gustav Magnus）為名。貝克漢用看似不可能的自由球繞過防守的銅牆鐵壁而得分的能力，啓發了 2002 年的電影《我愛貝克漢》（Bend It Like Beckham）。

46　黛安娜（Dianna），亦名物理女孩（Physics Girl），有一支很可愛的影片，在她的 YouTube 頻道上展現了逆馬格努斯效應。搜尋「足球的平滑度如何影響彎度」（How smoothness of a soccer ball affects cusve）就能找到。

可能非常不一樣，但是兩者的確有些相似處。兩者都是球棒與球的運動，一隊（守備方）負責投球給對手（打擊方），在比賽過程中某個時間點，兩邊會互換角色。他們的整體目標都一樣——盡可能跑到愈多分愈好，並同時盡量減少失分。最重要的，以我們的目的來說，他們都使用縫線凸起、有接縫的球。

最頂級的板球，接縫是六排縫線，繞行於球體各個象限，把皮革製半球縫合在一起。相反地，一顆正規棒球是由兩片八字型皮革構成，兩片皮革用 V 形縫線接合，產生彎曲的接縫。這兩種球的接縫都比周邊的皮革還要更粗糙。

有接縫可以讓經驗豐富的投球手擁有許多空氣動力學選擇。他們只要改變投球的方式，也就是速度、旋轉及接縫的位置，就能確定球周圍的氣流有多少是紊流或層流。以板球來說，其中一個主要專業是滾球式投球（swing bowling）；如其原文名所示，目標是讓球移動時也能擺動（swing），或偏向側邊。為達此目的，投球手需要讓球稍微不對稱。他們不會讓接縫直接正面對準擊球手（batsman）[47]，而是稍微調整角度，讓球朝向中心的左側或右側。從空氣的角度來看，球體現在有一側光滑（皮革），一側粗糙（接縫）。當球穿越空氣飛行，粗糙側的邊界層會在經過接縫時變成紊流。空氣會緊貼表面，只有朝球體尾部的地方才會分離。在光滑側，氣流依然是層流，但是在比較靠近球體前方的表面就分離。這是不平衡的氣流結果，但是跟馬格努斯效應不同，這個結果跟旋轉沒有關係——全都是接縫造成的不對稱所致。又因為其發生在球體

---

47 馬里波恩板球俱樂部（MCC）——「板球比賽規則監管機構」——在 2017 年時更新了規則，改用比較性別中立的用語。「擊球手」（batsman）這個詞依然會在男子與女子比賽中使用。但在 2021 年，熱門的板球新聞網站 ESPNcricinfo 宣布，他們會改用「batter」這個字。因此使用這兩個詞彙都無妨。

的側邊而不是極點，因此所造成的偏移也是側向的。一顆全新的球總是會朝接縫指向的方向搖擺。如果一顆搖擺的球投出時也旋轉，那它的拋射軌跡可能結合兩種效應，使擊球手更難預測路徑。

　　投球手可以用褲子或上衣的布料規律拋光板球一側，加重不對稱，這個過程在比賽後期特別重要。板球經常撞擊地面和球棒，代表它會隨時間逐漸變粗糙。為了保持讓球搖擺的能力，投球手需要仔細維持其中一側光滑；他們的汗水和口水有助於拋光。雖然這樣的努力被視為比賽重點之一，但是故意弄粗或刮擦粗糙側的任何動作其實都明確被視為違規（但這並未阻止部分隊伍嘗試這麼做）[48]。

　　就棒球而言，最引人關注的投球是蝴蝶球（又稱指關節球，knuckleball）。這種球是出了名的難打，投手至打擊手之間的路徑相對較慢但是又無規則，有時候看起來根本打不到。不過說真的，一切都關乎空氣動力學。盡量減少旋轉是投出有效蝴蝶球的關鍵。這看起來可能有點違反直覺，畢竟我們都知道大量旋轉會有比較大的馬格努斯效應，但是蝴蝶球跟產生最大偏移並無關；而是與無法預測有關。投手想要的是讓球穿越空氣時扭動和震動。旋轉並不會產生這種效果，但是在飛行途中改變位置的接縫則會。

　　一切要從抓握開始。基本上，如果你用手掌握球，在你鬆手丟出球時，你的手指會短暫地沿著球的表面拖曳，使其旋轉。這股額外的倒旋，讓球上升，但是對蝴蝶球而言，你希望的目標是旋轉次數愈少愈好。為達此目的，剛採取這種技法的球員會用他們的拇指和指關節（所以才會取名為指關節球）抓著球，或用指尖抓球。現在的球員大多會把指甲插入皮革或接

---

縫中。鑽研空氣動力學數十年的雪梨大學（University of Sydney）物理學家羅德‧克羅斯（Rod Cross）認為，蝴蝶球通常在飛向打擊手的途中只會旋轉一至三次。當球旋轉時，會不斷用稍微不同的接縫紋路面對空氣，改變粗糙或光滑側出現的比例。再加上之後在球體形成的層流和紊流會改變作用於球體的力量大小與方向。經過投手丘至本壘板之間 60 呎（約 18 公尺）的距離，會讓球從原本預期的路徑偏轉數十公分。克羅斯的合作研究者，伊利諾大學（University of Illinois）的亞倫‧奈森（Alan M. Nathan）指出，蝴蝶球無規則的移動，「偏移直線軌跡的程度會依投手而異」，也就是說，即使是專業的蝴蝶球投手，也無法在球投出之後確切預測最後的落點。那等著接招的打擊手還有什麼勝算可言？

　　技巧與訓練可以讓這些運動的頂尖選手用上許多很有意思的空氣動力學效應。因此，只需要一根球棒、球拍、球板或筐形球拍（basket），就有可能將球推進到超過時速 300 公里（186 哩）的速度──比我最愛的超級跑車法拉利 Monza SP1 的速度還快[49]。但那對我來說依然不夠快。

## 馬赫（Mach）

　　我第一次看《太空先鋒》（The Right Stuff）這部改編自湯姆‧渥爾

---

[49] 根據金氏世界紀錄（Guinness World Records），「所有球會移動的運動中，最快的擊出速度是時速 302 公里（188 哩）」，是在回力球（jai-alai 或 zesta punta）這種運動中達到這個速度。其使用長而彎曲，前端細尖的筐形球拍，選手將球拍綁在手上，以讓非常硬的小球朝牆壁加速飛去。時至今日，最快的高爾夫球曾經達到時速 349.38 公里（217.1 哩）的速度──這發生在專屬的練習場而非傳統的高爾夫球賽事。法拉利 Monza SP1 的最高速度為時速 299 公里，或 186 哩。

夫（Tom Wolfe）作品的經典電影時才六歲。當時這部電影在深夜播出，我肯定不是目標觀眾，但是我看了也嚇呆了，直到我的眼皮沉重無比。我媽抱我上床時，很快地承諾我可以再找時間看完那部電影。幾週後，它的錄影帶在聖誕樹下等著我。我在晚餐後要求全家陪我看這部電影。不過這一次，我保持清醒直到片尾工作人員名單都跑完。

《太空先鋒》橫跨 15 年的美國歷史，當時航空界才剛開始找到辦法研發太空航行學。這部片充滿對太空探索感興趣的人都熟悉的名字：約翰・葛倫（John Glenn）、艾倫・雪帕德（Alan Shepard），和其他水星計劃七人（Mercury Seven）的太空人。但是真正深植我心的是另一段劇情——試飛員在加州沙漠上空稀薄的大氣層中全力處理高速的飛機。我開始對查克・葉格（Chuck Yeager）深深著迷，他受到飛航工程師傑克・里德利（Jack Ridley）的大力協助，在 1947 年 10 月 14 日成為突破音障的第一人 [50]。

葉格的亮橘貝爾 X-1 試驗機（Bell X-1）是第一架成功問世的超音速飛機，但是就算是在我六歲的眼睛看來，它穿越天際時看起來跟商務機也沒什麼兩樣。好吧，它有機翼，但是都很短又像剃刀一樣薄。它的動力來源是火箭而非渦輪引擎。而且它也不是從地面起飛；而是從另一架飛機的中段脫落。就我當時所知，這些特色都顯示進入一個全新空氣動力流態（regime）所面臨的挑戰，還有一點內部的「政治角力」[51]。

在我們一頭栽入這個主題之前，要先建立幾個關鍵的概念，首先是聲音的速度。我們可以把聲音想成一種干擾，一種震動物體會產生的能

---

50　查克・葉格終其一生都努力把實驗飛機推至絕對極限，在我寫完本章的幾個月後，於 2020 年 12 月 7 日辭世（享年 97 歲！）。我從沒機會跟他見面，但是也有幸收藏了幾張他的簽名照。那是我最寶貴的收藏品之一。

51　按，regime 一詞亦有政體之意。

量，我們通常最感興趣的是這股干擾如何穿越空氣。當物體（也許是鼓，也許是一組聲帶）震動，會與附近的空氣分子互相作用，使其因此也震動。那些分子接著會抖動鄰近的空氣分子，接著它們再抖動鄰近的分子，持續擴散下去。如此擴散的連漪穿過周圍空氣，就是我們所知道的聲波，其速度取決於行經的介質。根據聲音的基本算式，有兩種特性會決定其在材料中的移動速度：彈性（剛性，或對變形的抗性）與密度（既定容積中的微粒數量）。但是在空氣這種氣體中，談論壓力、密度，和最重要的溫度會更好。

氣體的壓力與密度彼此成正比──換句話說，它們會以相同的速率增加和減少。在高壓下儲存的氣體也會有高密度，因其分子比較緊密地壓縮在一起。但是氣體密度與溫度有強烈相關性──氣體溫度愈高，其分子到處移動的速度愈快，可以擴散的範圍愈大。這會衍生出相當驚人的結論。在珠穆朗瑪峰山頂測量音速，得到的結果與在海平面的數值一樣……只要兩個地點的溫度相同。這些高度所存在的氣壓差異效應被空氣密度的變化抵消了。所以說到空氣中的音速時，真正重要的其實是溫度。氣溫愈高，聲音穿越其中的速度愈快，也就是說，如果你真的想要用比音速更快的速度移動，最好尋求冷一點的溫度。查克・葉格名列史冊的那一天，他飛行於 13 公里（8 哩）的高空，溫度可達攝氏 -56.55℃。那樣的高度之下，「局部」的音速近乎時速 1068 公里（664 哩）。任何低於這個數值的速度都視為次音速（subsonic），而高於此數值的速度則為超音速（supersonic）。葉格達到的最高速度為時速 1127 公里（700 哩）。以高速空氣動力學的說法，這相當於 1.06 馬赫（Mach），計算方式是把飛機的速度除以該處音速。

在《太空先鋒》中，相關場景都令人緊張又戲劇化。當貝爾 X-1 試驗機刻度盤上的馬赫表逐漸接近不可企及的 1.0，飛機開始上下跳又劇烈

震動；到 0.99 時，壓力刻度盤破了，震動更加劇烈。然後突然之間，我們聽到莫哈韋沙漠（Mojave Desert）上空出現很大一聲音爆。葉格辦到了。他達到超音速。但是從葉格在 1985 年出版的自傳中，我們所得知的飛機空氣動力學稍有不同，但資訊更完整。抖震（buffet）不是非常近 1 馬赫時發生，而是在速度較低時狀況最糟，大約是 0.88 馬赫。事實上，愈接近極速，飛行愈平順。葉格坦承，當馬赫表超過 1.0 時，他既歡欣鼓舞但也麻木，有點無動於衷。「經歷了所有的焦慮不安之後，突破音障原來是一條完全平整的賽車跑道……要靠一個該死的儀器表，我才知道自己完成了什麼大事。我應該要遭遇一些顛簸，讓我明白自己剛在音障切切實實地穿出了一個洞。」[52]。我訪問當代試飛員，澳洲皇家空軍聯隊指揮官瑪麗亞（瑪茲）‧約萬諾維奇〔Marija（Maz）Jovanovich〕，詢問她第一次突破 1 馬赫的經驗時，也聽到類似的感嘆。「當你人就坐在飛機裡，甚至不會發現自己已經達到超音速。地面上所有人都會注意到，唯獨你自己不會。當然，事後我非常激動，但是老實說，那個瞬間其實有點冷感。」到底是發生了什麼事？突破傳說中屏障的這段旅程（大眾的想像中依然散發萬丈光芒）怎麼有辦法如此順利？

## 音障（Barrier）

這個問題的部分答案是對飛行而言，音障不像是堅硬、實體的障礙物，而比較像是空氣動力學的流體流動從其中一種轉變到另一種時，經

---

52 所有引述葉格的說詞，都是取自 1987 年版《葉格》（Yeager）第 176 ～ 177 頁。

過的柔軟但複雜的過渡區。如最初代航空工程師的發現，流經飛機周圍的空氣早在刻度盤上的讀數達到 1 馬赫之前，就會開始產生重大變化。第一次世界大戰期間，主要用木頭和布料製成的雙翼飛機，空速幾乎不會超過時速 143 哩（230 公里），但是它們的螺旋槳在切過空氣時的速度快很多，這都多虧結合了快速旋轉和向前的運動；它們的前端有時候可以達到超音速。那樣的氣流與同一物體其他部分的差異也大到引人好奇，但是在這些「慢速」飛機上並沒有任何顯而易見的影響。不過一項在 1918～1920 年執行的研究卻顛覆了一切。

工程師在新的高速風洞中測試不同的翼段（稱為翼剖面，aerofoils），證實時速超過 350 哩（563 公里）的速度時，作用於機翼的升力會劇烈下降，阻力卻往上攀升。這樣的突然變化會讓飛機進入垂直俯衝，使駕駛員可能無法修正。同一個實驗也顯示，機翼愈薄，可在遭遇同樣命運之前達到愈快的速度。這研究和後續的許多研究讓工程師推論，空氣在相關計算中，長久以來（被確信為）不可壓縮的假設，其實在高速時的表現非常不一樣。如果一架飛機的速度夠快，其穿越空氣時的運動可能會壓縮到氣體，主動改變其密度。這個結論也許感覺相當小眾，但是空氣的不可壓縮性——其可滑過物體而非堆積在物體邊緣的概念——數十年來一直是空氣動力學的關鍵假設。意識到這個原理並不總是有效時，通往超音速飛機的門就打開了，因為只要可以透徹理解和測量原理，就能以此進行設計。到了 1930 年代早期，人們已經能夠打造出速度可達時速 400 哩（644 公里）的飛機，都要感謝引擎設計的進步。理解——並且抵消——壓縮性的效應，已不再只是引發學術界好奇心的主題；而是迫切需要找出解答的緊急問題。

要確立的第一件事就是為何會發生這些變化。機翼表面到底發生什

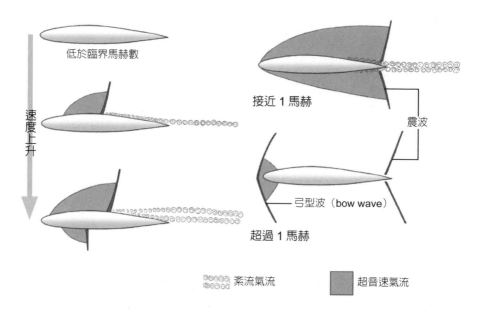

圖 12：當飛機的飛行速度接近局部音速，會形成震波並且沿著機翼表面移動。

麼事，使其突然從天而降？蘭利研究中心（Langley Research Centre，最早的 NASA 機構之一）的一群工程師開始慎重研究這種氣流異常現象。紋影攝影（Schlieren photography）揭露了秘密，這種新穎的影像技術可以凸顯空氣密度流經物體周圍時的細微變化。當他們把機翼放在高速但依然是次音速的氣流中，可在上表面看到有震波（shockwave）形成，就在前緣往後一半的地方，且幾乎直接朝上。在它前方，邊界層的氣流看起來是層流，但是在其正後方的氣流則是紊流。當它們的空速增加，機翼底部也會形成一股震波，兩股震波會變大且向後移動。在分離的區域，機翼後方的紊流會變得更強。

工程師確認，就是這些震波導致氣流災難性地脫離機翼。這不僅說明了阻力為何大幅上升，也解釋了升力的下降。當空氣分子遇到機翼，它們會加速越過其流線形狀的上方；低速時，這樣的加速會造成升力。

但是在這項試驗中，當空速超過 0.6 馬赫，其中一些空氣分子會被推到超音速，並與其他空氣分子碰撞，造成局部空氣密度突然改變——換句話說，就是一股震波。其存在證實一架飛機不需要達到超音速才會經歷空氣壓縮性的影響。

這個狀況的名稱，也就是在飛行速度低於 1 馬赫的物體上形成具有超音速氣流的局部區域，稱爲**穿音速**（**transonic**）。對一整架飛機而言，只要速度達到大約 0.75 馬赫就會開始出現。瑪茲·約萬納爲奇在一個秘密地點告訴我：

> 當我想到穿音速流態，會浮現的特徵是不穩定性。這個不穩定性來自一堆震波——局部氣流達到超音速的區域——在飛機奇怪的地方形成。可能是引擎的進氣口、尾翼的前緣、飛行控制的鉸鍊中心線（hinge line）等等。當飛機不是爲超音速飛行設計時，在這些地方形成震波會導致飛機突然失控[53]。

穿音速的不穩定性及其產生的波阻力，就是音障這個概念眞正的起源。我們已知低速時，阻力會隨著速度平方（$v^2$）增加，但是當速度達到蘭利風洞的速度，那樣的關係會出現劇烈改變。阻力似乎增加到無限，「彷彿有一道屏障抵抗更快的速度」[54]。軍方執行的武器研究也發現了一些氣流超過 1 馬赫時會發生的變化。但是在風洞可達到的速度及在那之

---

[53] 瑪茲·約萬納維奇完全清楚自己在說什麼。她在愛德華茲空軍基地（Edwards Air Force Base）接受試飛訓練，正是查克·葉格測試貝爾 X-1 試驗機的地方。你可以想像我能跟她對談有多興奮嗎？

[54] 英國空氣動力學家 W·F·希爾頓（W.F. Hilton）在 1935 年對一位新聞記者這麼說。之後的媒體報導描述他所說的「音障」，可能就是這個用語的起源。

上的速度之間，有一道知識上的鴻溝。而可以填補這個鴻溝的只有實驗飛機。

## 設計

　　貝爾 X-1 試驗機並非完美的超音速載具。這架飛機由蘭利與美國陸軍合作打造，是彼此妥協的結果。對蘭利的工程師而言，貝爾 X-1 研究計畫是為了要蒐集資料以更加瞭解穿音速流態。對軍方的工程師而言，主要目標是以超音速飛行——以證實音障可被克服。最後，飛機成功達成這兩個目標。貝爾 X-1 試驗機充滿感測器和儀器，設計目的是讓它有最佳的機會可以探索未知領域〔unknown，葉格和其他人則將之暱稱為「喂知」領域（ugh-known）〕。其流線外型是以機關槍子彈為雛形，這種造型經證實在超音速的速度下很穩定，且機翼相對較短、較直也較薄。其水平尾翼比機翼還高，以防其進入紊流時發生任何危險，而且可以上下偏轉，以在高速時提供額外的穩定性。其重量盡可能減輕，推進系統為有多艙段的大馬力火箭引擎。如約萬納維奇所解釋的，這架有力的引擎特別重要：「工程師很早就意識到，如果他們想要克服阻力的巨大增幅，他們需要獲得足夠的推力、足夠的動力，才能穿過這層阻力。」

　　在 49 次飛行之中，這架亮橘色的飛行實驗室想方設法突破自己的速度。第 50 次飛行，葉格的飛機進入穿音速流態，當多重震波開始在其機翼和其他邊緣形成，阻力增加，導致其劇烈震動地穿過 0.88 馬赫。他調整尾翼，而火箭引擎持續推進，使得震波朝著機翼尾端前進。接

近 1 馬赫時，飛機開始流暢飛行。工程師事後得知，這是震波在機翼的後緣（trailing edge）聚合在一起所致 —— 這會降低氣流分離，減少作用於機翼的阻力。氣流也依然持續平滑，這都多虧形成了另一個名為弓型波（bow wave）的震波，但是葉格不知道這就在他的機鼻前方。速度夠快時，這股弓型震波會突然附著於尖銳的機鼻，在飛機周圍形成加寬的錐狀，穩定機身周圍的氣流。就是這個時候，貝爾 X-1 試驗機周圍所有氣流都進入超音速。在地面上，當壓縮的空氣錐掃過沙漠時，人們會聽到一聲轟隆聲 —— 可能是人類有史以來第一次聽到這種聲音。

貝爾 X-1 試驗機每一趟飛行，都讓飛行員和工程師對「喂知」又多摸透了一些，讓他們可以繼續更新飛機的設計及其後繼系列。他們調整機翼的角度，讓它們往後掠朝機尾，而非從機身直接朝外穿出，延遲局部震波的形成，讓飛機可以安全達到較快的速度。確保飛機橫切面沿著機身逐漸變化有助於降低波阻力。雖然這些變化起初是出於實驗飛機的設計決策，但是它們遺留下來的價值一直沿用至現今的商務航空公司，就如約萬納維奇所解釋，「在所有的穿音速流態飛行。機翼的後掠以及遵照該區域原則的機身，都是為了要抵消阻力的增加。」穿音速飛行現在已被深入理解，在 2018 年，客機就安全完成了 44 億趟相關飛行旅程。超音速飛機不再只單純用於實驗，有幾間主要的飛機製造商生產相關型號，它們目前絕大部分是供作軍方使用。但是有好幾家私人公司雄心勃勃想要改變這個現況。他們受到協和號客機（Concorde）的啟發，它曾在大西洋上空的巡航高度達到 2.04 馬赫的速度，公司目標是為富裕的商務旅客「帶回」超音速噴射機。但是對這項服務的嗜好是否遠遠大於這門生意帶來的巨大經濟與環境成本，還有待觀察。

　　如《太空先鋒》所演的，超過 1 馬赫和 2 馬赫之後，還要面臨諸多挑戰。克服這些挑戰就能讓人類進入大氣層以外的世界，並且安全返家。但是即使擁有所有對推力和阻力的知識，我們不先學習怎麼控制熱，就無法做到這一點。

## 蒙皮（Skin）

　　高速飛機飛行於那麼高的高度時，極端的加熱不會是立即顯著的問題。畢竟，在海平面上 20 公里（12 哩），氣溫會降至攝氏零下 50 度。但是在飛機邊界層之內的表面，狀況可完全不是寒冷。我們知道，附著在任何移動物體表面的空氣分子，會不斷受到氣流更外圍、移動更快的分子撞擊；這就是表面摩擦的來源。在低黏性的流體中（如空氣），這樣的交互作用可能相當紊亂且動態，隨著空速增加，其所產生的阻力也會增加。「表面摩擦會隨著速度立方而上升，因此飛機飛行速度愈快，它就愈佔優勢，」新南威爾斯大學（University of New South Wales）的安德魯・尼利（Andrew Neely）教授如此說。當飛機快速飛行時，其周遭數十億個空氣分子會互相碰撞，交換動能，類似被穩穩擊中的撞球造成其他球四散。尼利繼續說，「那股能量不會憑空消失——必須轉移到其他地方。所以就會以熱的形式表現。」

　　摩擦與生熱之間的連結，是表面科學最具影響力的合作關係，也是我們在後續章節會探討的主題。如航太工程師琵豔卡・多帕德（Priyanka Dhopade）博士告訴我的，對高速飛機而言，這代表「你不再能將熱傳導面向的東西跟表面氣流分開討論。比起空氣動力學，你更需要開始思考

空氣熱動力學。」材料的選擇變得至為重要。協和號客機處於巡航速率和巡航高度的蒙皮溫度，會從機身後段的 91℃（196 ℉）到機翼前緣的 105℃（221 ℉）。毫無意外的，機鼻是整架飛機最熱的地方，飛行時可達 127℃（260 ℉）。要找出在如此高溫時還可維持強度，同時質量最低的適合材料是個挑戰。最後，其機體大部分都是用特殊設計的鋁合金製成，這種鋁合金含有少量銅、鎂、鐵、鎳、矽和鈦。SR-71 黑鳥（SR-71 Blackbird）等比較快的飛機可在 3.2 馬赫的速度飛行，機殼是使用混合了鈦與聚合複合材的材料。但是 NASA 的火箭動力飛機，X-15A-2 則是採取完全不一樣的做法。1967 年，這架飛機達到最高速度 6.7 馬赫，相當於時速 7274 公里（4520 哩）；達到這樣的速度之後，航空界進入了超高音速（hypersonic）流態。

長駐坎培拉（Canberra）的尼利告訴我：

從超音速切換至超高音速並沒有一個明確的切點──沒有突然出現的震波。超高音速通常是發生在 5 馬赫時，但是會逐步轉變。凸顯兩者差異的其中一個特徵就是生熱的極度重要性。表面摩擦在超高音速的速度之下有絕對的重要性，可佔飛機總阻力的一半。設計出足以耐受隨之產生的結構性生熱的載具是相當大的挑戰。

X-15A-2 背後的團隊推估，在其最大速度時，飛機一些部位的溫度可達到 650℃（超過 1200 ℉），這樣的高溫足以融化鋁。有一種名為英高 -X 750（Inconel-X 750）的耐熱鎳合金曾被用來構成機體散艙（bulk）。它提供了整體所需熱力學性能的主要部分，並且給予飛機勁爆、像機槍金屬顏色的外觀。飛行速度最快時，會額外再添加兩層塗層──一個是粉紅色的「融磨」（ablative）材料，作用類似具有保護性的犧牲層，會

因應空氣動力學摩擦，逐漸從表面脫落。在其之上是白色的密封漆，可預防融磨層與火箭引擎的液態氧產生作用。這樣的材料組合可作為飛機的熱保護系統，且讓飛行員彼得·奈特（Pete Knight）達到破紀錄的 6.7 馬赫後還能安全降落。但是奈特駕駛的 X-15A-2 飛機依然出現許多高速摩擦生熱的疤痕——煞車和方向舵嚴重焦黑，更嚴重的是機翼下方的垂直尾翼有部分完全燒穿了。

那架飛機可能永遠無法再飛，但是其發展引導了後續迅速發展的美國太空計劃。別的先不提，那架飛機得以首次直接測得超高音速表面摩擦的數值，並發現局部的「熱點」。用來進行飛行控制與穩定的系統、空氣動力學設計與熱屏（heat-shielding）都來自該計劃，還有超高音速飛行對人類身體影響的重要資料。我想可以說，載太空人前往月球的阿波羅任務、30 年來把人類運送至地球軌道的太空梭，以及讓我們一睹其他世界的行星登陸載具，全都要感謝 X-15A-2 的科學貢獻。但即使那架飛機達到最快速度，也不足以揭露超高音速飛行的所有謎團。那份榮耀屬於從運行軌道返回地球時竭力往下衝過大氣層的圓鈍重返載具（re-entry vehicle）。

在外太空，阻力不是問題。缺乏空氣代表太空船行進時沒有阻力，讓它們可以達到無法想像的高速[55]。如你所料，一旦太空船想降落在星球上，這個速度就會改變。太空船進入大氣層時，起始的下降速度為 25 馬赫左右。阿波羅太空艙則是超過 30 馬赫。所以重返載具不會嘗試降低阻力，反而需要把阻力拉到最大，利用阻力讓自己慢下來。圓鈍的外型可提升壓力阻力，如多帕德所解釋，這有另一個好處，「不像有鋒利機鼻

---

[55] 撰寫本書時，派克太陽探測器（Parker Solar Probe）達到最高速度是時速 24 萬 4226 哩，也就是每秒 109.2 公里（68 哩）。

的飛機，在圓鈍機身形成的弓型震波並不會緊貼於機身上。而是位於前端，像某種保護殼，可作爲氣流的障礙物。」

尼利也同意，並說：「震波與表面愈垂直或正交，穿越時的溫度上升幅度愈大。所以有一個好好隔開的震波，就可以讓最熱的氣渦遠離載具。」

即便如此，熱屏的溫度依然很高，在太空梭的外殼接近 1650℃（超過 3000 ℉）。這樣的溫度之下，空氣變得比較無法預測。「我們不再能把空氣視爲理想氣體，只與壓力、溫度和密度之間有單純的關係。」多帕德說。「在超高音速的速度之下，其化學組成也會改變。」

空氣的主要成分──氮氣與氧氣──都是雙原子，也就是說它們基本上會成對移動（$N_2$ 與 $O_2$）。但是在典型的太空梭重返溫度之下，這些原子對之間的鏈結會在稱爲解離的過程中斷裂，在載具的表面附近留下一堆高度活化的原子。阿波羅太空梭的進入速度愈快，化學性就愈劇烈。「你是眞的開始把電子從原子身上撞掉，讓載具周圍的氣體變成部分游離的電漿層，使得對載具的通訊被暫停。」尼利這樣說。這團原本稱爲空氣的氣體，會把熱保護系統推到極限。意思是，他們不能只想著極熱環境的設計；也需要控制發生在表面的反應。以超快速度飛行時，化學性與物理性一樣重要。

融磨材料依然是需要穿越行星大氣的太空船最受歡迎的選項。它們成層堆疊的設計可以在達到極端溫度時分解。它們在燃燒殆盡時也在散熱，在過程中保護其下方的構造。最近的火星登陸載具都使用一種名爲酚碳熱燒蝕板（phenolic-impregnated carbon ablator, PICA）的材料，以倖免於二氧化碳大氣，但是其他的融磨材料仍在研發中。

\* \* \*

　　大多數情況下，我們不需在意空氣動力學的原則，也能每天快樂地過活。但是我想，稍微多理解一點，可以打開一扇門，讓我們對其意涵有新的見解。從你在開車時伸手到車窗外，到觀看致勝球的精準轉彎，或讚嘆載具從外太空返回時的火雲，表面與氣體之間的作用驚人地複雜。但我希望你現會同意，它們也能極度有趣。

第五章

# 上路出發
## Hit The Road

　　房間比我想像的大得多，而且黑壓壓的，只有遠方牆上一整面彎曲的白色大螢幕例外。但是真正佔據整個空間的是螢幕焦點平台上的那東西：一級方程式（Formula 1® , F1）賽車的部分底盤。我前往銀石（Silverstone）拜訪奧斯頓馬丁 F1 車隊（Aston Martin F1）〔當時名為賽點印度威力車隊（Racing Point Force India）〕。就官方說法，我去那裡是為了瞭解 F1 賽車即使達到接近民航機離地速度[56]仍不會脫離賽道的技術。但是也算我幸運，可以偷看他們的高科技模擬器。「這個底盤已經使用了好幾年，但基本概念是想讓駕駛的環境與實車完全一樣，」喬納森・馬歇爾（Jonathan Marshall）如此說明，當天就是由他大方接待我，他同時也是團隊的汽車科學組長。「駕駛會把他們的賽車座椅放在這裡。方向盤和其他配件與設置都跟在賽道上的設定和運作方式完全一樣。」平台本身透過我不被允許描述的方式來模擬賽車的實際運動，讓駕駛感受到一些比賽時會經歷的相同 G 力（g-force）。這樣的配置可以讓賽車工程師和駕駛有機會在比賽前做好準備，並測試他們的車，即

---

56　依天氣與其他因素而異，一架客滿的波音 737-800 的機鼻才剛離地，就能達到約 145～155 節（約時速 269～298 公里，167～178 哩）。2020 年，F1 冠軍路易斯・漢米爾頓（Lewis Hamilton）在義大利大獎賽（Italian Grand Prix）的週末，平均圈速達到時速 264.362 公里（164 哩）；書寫這段內容時，這是 F1 有史以來最快的圈速。不過，一輛 F1 賽車的最快速度遠高於此。如漢米爾頓在同一個週末就超過時速 330 公里（205 哩）

使他們無法眞的開上賽道。「但是我們可以說，更重要的是，」馬歇爾繼續說，「我們爲這輛車打造新的零件之前，可以在這裡『試駕』。我們可以確認那些變動是否眞的能提升性能，這才是我們的最終目標。」

像這樣努力提升性能和追求幾乎察覺不到的增益——幾分之一秒——正是一級方程式賽車的特點，無論你喜不喜歡這項運動，背後的工程學毫無疑問就是如此迷人。F1 賽車即使在賽季中都不曾眞正「完工」；團隊會使用各種不同的工具，不斷調校和微調車輛設計的各個層面。雖然模擬是到最近才新增至他們的工具包，但這項工具肯定不罕見——所有一級方程式賽車大型車隊現在都有某種「模擬車」配置，且角色愈發吃重。「賽車界花了很長一段時間開發可以排除各種變數——駕駛、環境，和所有其他項目——的模擬工具，」我們把模擬器拋諸腦後，前往走廊的路上時，馬歇爾說。「近年來，看法改變了，很大部分原因是因爲我們現在知道你感興趣的系統不只有車；而是車加上在那些條件下開車時的駕駛。這個模擬器讓我們可以一次改變和控制很多元素，所以眞的非常重要。」

跟「正常的」道路車輛相比，一級方程式賽車與上一章提到的高速噴射機有更多共通點，因爲空氣動力學是眞正的主要重點。有三個關鍵套件讓賽車得以操縱周圍的氣流：前翼（front wing）、後翼（rear wing），以及擴散器（diffuser）。前翼與後翼的靈感來源都是飛機，使用機翼的形狀產生升力。但是因爲賽車工程師有效地把前翼和後翼上下顛倒安裝，因此它們產生的「升力」是負的。所以在 F1 賽車上，經過各車翼下方的氣流速度，會比流經車翼上方的氣流還要快。結果就是產生**下壓力（downforce）**，壓力差把車翼往下推向地面。前翼與後翼的角度會針對每個賽道調整，但是兩者加在一起，即可產生一半至三分之二的

車輛整體下壓力 [57]。

其餘下壓力來自一個擴散器，一個位於車輛下側（或底部）的開放式幾何結構。因其外型的關係，空氣流入車輛底部與賽道表面之間的空間時，會加速通過擴散器的進氣口，接著到車輛後部更寬的上彎出口通道擴散。此特性的效果是在車輛下方形成非常低壓的區域，把車吸至路面上，提供下壓力。只要精心設計，也能在擴散器內強制形成一個小型、循環的低壓氣渦，稱為渦旋（vortice）。根據傳奇賽車空氣動力學家威廉．圖特（Willem Toet）的看法，這些渦旋不只是把更多空氣拉入擴散器，它們也會「將之混入在擴散器下方正在膨脹的氣流體之中。」就跟上一章所說的有凹洞高爾夫球一樣，如此混合讓氣流可以一直附著於擴散器表面，更進一步增進下壓力。如我自己在工廠的不同部門所見，地板下壓力（underfloor pressure）對車輛性能而言非常重要，每場比賽都受到監測。一堆像義大利麵一樣的細塑膠管，把昂貴車輛底部一排小孔連到一個感測器平台。它能測量氣壓的細微變化，工程師便得以看到所有未預料到（且可能有危險）的氣流分離區域。

這三個系統結合在一起 —— 兩個車翼和一個擴散器 —— 就能把車輛下壓，緊貼賽道地面，下壓力量比單靠車體重量還要多很多倍。這就是F1賽車可以在極快的高速情況下過彎的原因。賽車界最著名的彎道之一，矮林彎（Copse），就位在銀石賽車場，距離奧斯頓馬丁F1車隊的車廠只有一箭之遙。現今的F1賽車多可用超過時速290公里（180哩）的速度快速通過該直角彎。

但是如果我把這些近乎飛機的驚人過彎能力全部歸功於下壓力，那

---

[57] 很難找到各套件對車輛整體下壓力相對重要性的可靠數字，但是這也是意料中之事。賽車的配置每一段賽道都不一樣，各個車隊會使用不同的車款，車款也會每季變動。這些全都對下壓力有影響。所以我選擇了比較籠統、非常接近的數值。

我是在害你們，我親愛的讀者。單靠空氣無法讓賽車保持在賽道上，也無法把它們引擎的動力轉換成前進的運動。要達到這個目標，需要的是輪胎。

## 橡膠

當你沒有任何抓地力時，才能前所未有地體會到抓地力的重要性。一處濕透的彎道、一片漆黑的冰面、灑了滿地的機油；以上任一狀況都足以讓駕駛或騎士失控。因爲輪胎是車輛（vehicle）與路面之間唯一的接觸點，車輛的許多行爲多由它們調節。煞車、加速和轉向的有效性都會受到橡膠與路面接觸點的影響。但是要明確定義一顆輪胎的抓地力「有多強」，我們必須考量幾個不同的因素：輪胎的材料與設計、其行經路面的路況，以及兩者間的接觸特性。

先從輪胎開始吧。

「要控制競賽輪胎的性能需要一點魔法，」前 F1 輪胎工程師潔瑪·哈頓（Gemma Hatton）這樣告訴我。「其中一個原因是輪胎膠本身的性質。」現代輪胎膠通常是從橡膠樹萃取之天然聚合物和主要由石化燃料製成的合成聚合物調和而成（輪胎**並不環保**）[58]。一旦完全處理過後，這

---

[58] 這一點已開始改變，雖然速度非常緩慢，但現在已開發出愈來愈多環保的合成橡膠。明尼蘇達大學（University of Minnesota）的化學家已研發出一種方法，可以從葡萄糖而非石油產出異戊二烯──一種輪胎的關鍵成分。輪胎廠德國馬牌輪胎（Continental）現在使用一種叫做蒲公英橡膠（Taraxagum）物質爲原料製成部分輪胎，這種物質萃取自快速生長的蒲公英植物根部。

些物質結合在一起會形成有彈性的材料，習性介於彈性固體和非常黏的液體之間。這種橡膠特性——黏彈性（viscoelasticity）——既賦予它超能力，也使其有點難以預料。

就彈性固體（像彈簧）而言，對它施加的力量與它的反應之間有一種簡單的線性關係：你愈用力按壓，彈簧就變得愈矮。你出於本能也知道，彈簧鬆開就會立刻回彈恢復原本形狀和大小。黏性流體則非常不同，因為在其分子之間運作的摩擦力會抵抗你嘗試造成的任何變形。試想用一台手壓幫浦為一顆球充氣。當你用力下壓把手，你會發現活塞不會立刻移動。同樣地，當你鬆開把手，也不會回彈至最初的位置。施力後到真的看到施力造成的變形會有時間上的延遲。在材料科學方面，這樣的延遲稱為**遲滯（hysteresis）**，會發生這種情形是因為你用來施力的部分能量（如往下壓把手）以熱的形式在液體流失。

像輪胎膠這樣的黏彈性材料橫跨於兩種行為之間。只要是在其極限內運轉，橡膠會變形和恢復原本的形狀（跟彈簧一樣），雖然會有部分時間延遲和一點點能量流失（類似黏性流體）。特定膠料有多像彈簧或多黏，不僅取決於其成分，也跟其工作溫度，以及變形的類型和速度有關。這就是為什麼輪胎不使用單一的膠料——事實上，輪胎含有多種不同的配方是非常正常的。

此外，輪胎膠中也會添加填充材料，如矽石和類似煙灰的碳黑，使其具備一些耐磨性，並呈現獨特的顏色。通常也有塑化劑（Plasticiser）——這種物質可以讓橡膠變軟也更有彈性，所以添加的量取決於膠料的用途以及輪胎的種類。透過試驗這些化學特性，設計師可以調配出特定的膠料，可在真實世界處於相同條件時達到其性能顛峰。至少最初的概念是如此。但是如哈頓所暗示的，輪胎配方的藝術性大於科學性——尤其是高階賽車界所需要的種類。每一條賽道和

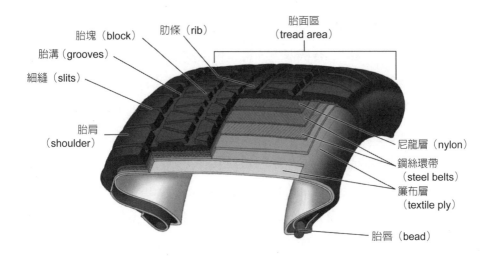

胎塊（block）
肋條（rib）
胎面區
（tread area）
胎溝（grooves）
細縫（slits）
胎肩
（shoulder）
尼龍層（nylon）
鋼絲環帶
（steel belts）
簾布層
（textile ply）
胎唇（bead）

圖 13：這張公路胎剖面圖顯示一顆輪胎遠遠不只是一圈一圈的橡膠。

　　每一款賽車都是獨一無二的；每位駕駛也都有自己的駕駛風格；每天的天氣都稍有不同。F1 的輪胎也需要預期其在比賽中的磨耗程度，包括何時進入維修站，車隊才能準備策略因應。設計出完美符合所有這些變項的膠料近乎不可能。在我撰寫本書之時，一級方程式賽車只有一個輪胎供應商，倍耐力（Pirelli）。可以這麼說，他們有專為一級方程式賽車設計的輪胎。

　　除此之外，調和膠（blended rubber）也只是製成競賽輪胎的數百種成分的其中一種。雖然賽車胎實際使用時是相當不一樣的猛獸，但是它和公路胎其實非常相似。一開始是把一片氣密的合成橡膠鋪上鼓輪（rotating drum）。在這層上頭，會再鋪上兩層「簾布層」（textile ply）。這兩層是由仔細對齊和上膠的尼龍以及聚酯纖維製成，這兩層的走向會交疊纖維，形成可強化輪胎的密網。在膠片邊緣會再加上好幾條

彈性橡膠——這些是胎邊（sidewall）——以及另一層簾布層，和一對稱為胎唇（bead）的高強度金屬圈。這個橡膠夾層三明治會在鼓輪上充氣，形成原型生胎。在另一台機器上，會包覆由兩條超過一公里的細鋼絲以及（你可能猜到了）橡膠製成的鋼絲環帶，金屬可形成另一個強化交叉結構。鋼絲環帶會鋪在充氣的胎體鋼絲層（carcass）上，全部再用尼龍包覆。在外表面滾上最後一層橡膠，稱為胎面（tread），最後形成看起來非常像輪胎的成品，但是依然柔軟且稍微畸形。

製作輪胎的最後一步是硫化（vulcanisation），這個階段即可確定其特性。輪胎會在有硫磺氣體的情況下以高壓和高溫有效地悶煮，導致膠料不穩定的聚合鏈之間形成新的鏈結。這會增加橡膠的黏度，使輪胎更結實也更剛硬。如果這個硬化過程發生在內壁平滑的金屬模上，就會得到非常平滑的輪胎——競技胎，最常用於一級方程式賽車。如果發生在精密雕刻的金屬模上，其紋路就會轉印到橡膠上，形成有胎紋的輪胎，就像道路車輛所用的輪胎 [59]。

各種形式的駕駛所使用的配方和胎紋都各不相同，每一種組合都適合特定的需求。即使是在賽車界，哈頓說，「輪胎的差異還是相當大。F1 輪胎其實只需要擔心柏油就好——而柏油經常是乾燥的。如果是會在有礫石、塵土、雪和冰的路面比賽的世界拉力錦標賽（World Rally Championship, WRC），每次輪胎輾過路面都會造成表面產生變化。」無論賽事的需求為何，輪胎的主要任務都一樣——要盡可能有效地抓住地面，並且讓駕駛確切知道自己可以順利過彎。

---

59　F1 的車無法總是以競技胎比賽；有時候需要「半雨胎」（intermediates）或「全雨胎」（full wets）的輪胎，也就是輪胎表面有胎紋，有助於排水並讓輪胎停留在路面上。這稍後會再詳談。

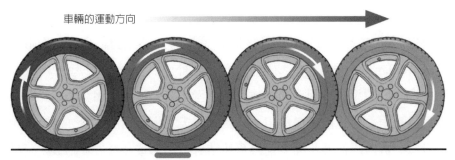

車輛的運動方向

接觸面變平（V=0）

圖 14：即使移動中的輪胎正在旋轉，變平的接觸面相對於路面總是靜止的。輪胎那塊接觸面中的行為控制了大部分的整體行為。

## 抓地力（Grip）

　　摩擦力是最重要的核心。欲瞭解摩擦力的源頭，我們得先細看有胎紋的輪胎和路面之間的界面，所以我們要關注輪胎接觸路面的小膠塊。這部分稱為接觸面（contact patch），對與輪胎性能有關的所有問題都無比重要。

　　你會注意到的第一件事是路面並不光滑；反而質地非常粗糙，充滿細微的凹凸起伏。由於道路鋪設的方式——混合了碎石和瀝青——即使是維護良好的賽道，也會有大小介於一微米和數十微米之間的小凸起。這樣的路面粗糙度加上橡膠的黏彈性，提供了輪胎仰賴的第一個抓地力機制。膠塊每次碰到粗糙點就會變形，並「順應」其上。但是因為遲滯的關係，橡膠不會在變形後立刻恢復；它會逗留原處，在其與路面之間產生一股抗力和摩擦力。路的粗糙面實際穿透進入胎面膠的過程稱為**壓痕作用**（**indentation**），即使路面潮溼也可以提供輪

胎一些抓地力。

但是造成影響的第二個摩擦力機制就不是這樣了。**分子附著**（**molecular adhesion**）需要橡膠緊貼表面。根據輪胎製造廠米其林（Micheli）的說法，兩者的間隙不應超過 1 奈米，那是因為輪胎希望施展凡得瓦力——也就是壁虎用來爬牆和爬天花板所用的力量（請參閱第二章）。當橡膠輾過路面，凡得瓦連結會持續形成、延展並斷裂。這個循環也一樣是橡膠的黏彈性所致，會在橡膠和表面之間產生一股摩擦力，使其可抓地。

不過，水會干擾這些連結的形成，抑制它們提供的有效摩擦力。所以暴雨時，輪胎無法獲得分子附著。但是在光滑、乾燥的路面，分子附著非常重要。有時在賽車的賽事中，會聽到駕駛說「脫一些膠」（laying down some rubber）。他們真正的目的是操控分子附著。他們的輪胎膠非常緊貼賽道，所以在連結形成和斷裂時，會有小片橡膠脫離輪胎，並黏在賽道上 [60]。

雖然乍看之下，這兩種機制似乎差異很大，但它們卻有一些重要的相似處。第一是兩者都仰賴橡膠在表面的微移動或打滑。沒有接觸面的那些快速、難以察覺的滑移——無論是壓到路面凸塊時的材料流動，或鍵結的伸展和斷裂——橡膠就無法產生緊貼地面所需的摩擦力。兩種機制也都與溫度大有關係。較高的溫度可以讓橡膠更黏，也更有彈性，當溫度達到一個程度，分子附著*和*壓痕作用可獲得的抓地力會達到最大。

如果你曾觀看過 F1 賽事，那應該很熟悉對輪胎溫度的執著。倍耐

---

60 輪胎緩慢劣化時遺落的這層薄橡膠有助於讓輪胎每一圈都產生更多抓地力。除了橡膠接觸路面的介面，它還多提供了橡膠接觸橡膠的界面。

力製造的每一款膠料都有各自理想的工作溫度，這溫度總是比道路車輛的輪胎還要高。所以當一輛賽車停在起跑排位或車庫中，四個輪胎都會用暖胎套（tyre blanket）保護，溫度設定超過 80℃ [61]。當駕駛開進維修站，裝上的任何新胎也都有用暖胎套保暖過。「為了獲得最高的抓地力，F1 輪胎很軟，」哈頓說。「這意味著它們加熱比較快，因此也比較會『黏』在賽道上。」一旦車輛開始競速，其輪胎會因為與賽道之間的摩擦力而一直很熱；這是賽車胎最快樂的時候。但是當那些溫度下降低於或超過理想溫度範圍，一切就變得棘手。賽道上發生意外事故時，所有車輛都必須跟在安全車後方並減速。以較低速度行駛的每分每秒都在降低輪胎溫度，降低它們的抓地力。駕駛會藉由左右蛇行而維持溫度，但幫助不大。因此賽道清理完畢，他們可以再次自由比賽時，駕駛就只剩下勉強可用的輪胎——溫度較低、較硬，且抓地力相當低。這使得他們的車速變慢，也比較難控制，可能導致重新開始競速時相當緊張。F1 胎也有可能過熱，橡膠會變得特別軟和黏。原本輪胎在漸進、相對穩定的劣化時，維修站與精彩賽事得以進行，但現在這畫面會以加速版本取代。輪胎快速變質，摩擦力漸漸消逝，遺留在賽道上的橡膠愈來愈多。再也無法從抓地力「懸崖」回頭——唯一的解決方案就是換一組新輪胎。

　　車隊與輪胎工程師想在有賽事的整個週末都不斷監測輪胎溫度也不令人意外了。但是如哈頓所說，監測程序並不直接。「你真正想測量的是輪胎艙——橡膠內部——因為這裡才能最準確呈現輪胎溫度。不過，

---

[61]　賽車輪胎的存放條件（溫度與持續時間）會由國際汽車聯盟（FIA，該賽事的監督單位）和倍耐力嚴格規定。書寫本段時，後競速胎的暖胎套可設定為 80℃，前競速胎則為 100℃。暖胎套聽說最後會逐漸停用，若成真或當成真時，將會對車輛設計造成顯著影響。

這是不可能的。」車隊必須妥協,測量他們可以測量的部分。她繼續說,「每個胎框都裝有胎壓監測器,不僅可以監測壓力,也有朝著胎體鋼絲層底面的紅外線感測器。」工程師也能透過嵌在下部或前翼的紅外線感測器監測輪胎外表面的溫度。但是哈頓提醒,這只能顯示:「大幅波動的表面溫度,所以不是最可靠的數值。胎體鋼絲層的溫度往往是工程師注重的重點,雖然每個車隊都有自己的測量方法。他們從感測器獲得的各項數值,可協助他們定義輪胎的『理想工作溫度』。」

比賽中,倍耐力和車隊的輪胎工程師會遠端實時監測四個輪胎胎體鋼絲層和表面的溫度,這都多虧連接至各感測器的無線傳輸器。在維修站拆下輪胎時,他們會獲得一些額外的實際資訊。「一旦一組輪胎已使用過,倍耐力的工程師就會與輪胎安裝工作人員合作,刮除所有碎屑。之後用探頭測量遍及胎面的測量孔深度,即能獲得磨耗的數據。」有了這些資料,車隊可以找出所有不均勻磨耗或劣化的區域,有助於倍耐力工程師預測新的輪胎在剩餘賽程的性能。「預測可跑的圈數對車隊策略師是有用的指引。但是規模比較大的車隊也會運用相當複雜的即時輪胎模型。」

即使握有如此資訊,賽車胎依然充滿出人意料的事。只要短暫突然地脫離賽道,就能看到輪胎夾帶一些碎屑,扼殺其黏性。撞到路緣會導致胎壓劇增,有時可能刮傷或割傷胎面。過彎時過度或突然煞車會導致輪胎鎖死,並在胎面製造平坦點,此處的抓地力與輪胎其餘部位相當不同。F1 的賽事總會把輪胎——以及我們對輪胎的理解——發揮到絕對極限。除非你做了不該做的事,不然你的腳踏車或汽車輪胎不會遭遇任何這種程度的折磨。不過,基本上所有輪胎都受到同樣的行為與相互作用控制。不同輪胎類型之間的所有變化就是相互作用最重要的地方。

# 胎面

　　想像一個場景。你坐在你夢想的車中（最好是電動車[62]）。你眼前的道路平順，平緩地朝遠方蜿蜒而去。你不用趕著前往其他地方，所以你可以慢慢來。開車時，你很清楚感受到輪胎與柏油之間的接觸。它們的性能可由三個關鍵特性說明：抓地力、磨耗與滾動阻力（rolling resistance）。直到現在，我們主要都在談前兩個。第三個特性，滾動阻力（有時會寫作 rolling drag），主要是輪胎承受車輛的重量而出現的變形所致。我們知道橡膠有彈性也有黏彈性；因此很容易緊貼路面。但也代表當輪胎在負重之下轉動時，其胎面和胎邊的橡膠會反覆經歷大規模變形與恢復的循環，每一次都會把一些那類能量以熱的形式消散。由於以此流失能量，自由滾動的輪胎會漸漸慢下來，最終會停止。為了要讓輪胎持續轉動，你需要不斷輸入能量，以汽車而言就代表燃料。輪胎的滾動阻力愈大，使用的燃料愈多，雖然這對賽車而言不是什麼大問題，但對客車而言肯定是問題。根據美國能源部（US Department of Energy）的看法，一輛「石油車」僅僅為了克服滾動阻力，就要使用 4 ～ 7% 的燃料，對卡車和其他重型載具而言，使用率高更多。

　　輪胎商會用一些技法降低滾動阻力，但又不會對公路胎的抓地力或

---

62　我與車子之間的感情非常複雜──很可能很矛盾。你也許已經看出來，我熱愛賽車背後的工程與科技，而且我定期會收看 F1、V8 超級賽車的賽事，也愈來愈常看 E 級方程式賽車。不過我不是私家車的擁護者，也不會繼續優先選擇化石燃料車（在我們鄉下地方大多是噴出濃濃黑煙的老爺車）。在我搬到紐西蘭，年屆 33 歲之前，我一直很抗拒自己買一輛車。即使現在，開車對我來說也是最不得已的選擇。如果可以走路或搭乘大眾運輸前往目的地，我就會這麼做。

磨耗造成不良影響。在膠料中添加二氧化矽可以使其稍微更硬，也能降低輪胎在路上遭遇的變形率。此外，胎體鋼絲層裡的金屬和簾布帶會提供一些結構剛性。你們如果是機車或腳踏車騎士，也會知道有個方法可以保持滾動阻力維持在低點——確保你的輪胎充飽氣至適當胎壓。這能降低橡膠的任何軟乏，減少維持輪胎滾動所需的能量。

有個設計特點在公路胎的使用壽命之中扮演關鍵角色，可說是最明顯的一個：胎紋，由隆起的肋條、有角度的胎塊、深溝和淺縫組合而成。公路胎和 F1 偏好的無胎紋競速胎之間很容易就能看出差異。後者雖然有大塊橡膠接觸路面，可以提供抓地力和優異的操控性能，不過在堅硬、光滑的賽道之外毫無用武之地。競技胎的磨耗也驚人地快速，很少能撐過半場以上的比賽。公路胎全然無法這樣運轉——它們需要提供可靠的抓地力，適應不斷變化的條件，且要夠強韌，要經得起每天使用，並持續好幾年時間。

要瞭解胎紋如何有助於公路胎符合所有要求，得先關注你在平整道路上駕駛夢想車時，踩煞車的輪胎狀況。首先，輪胎的轉動速度會開始下降，車輛的重量往前移，前輪承受的負重比後輪多。再把鏡頭往前拉近到前輪接觸路面的地方，此處的輪胎會彎曲，組成胎面的彈性膠塊會變形，尤其是朝向接觸面前方的膠塊。當輪胎持續轉動，朝著接觸面後方的胎面塊會開始滑動，啟動輪胎的兩個抓地機制（壓痕作用與分子附著），進一步減慢轉動。每一個胎面塊之間移動得愈多，煞車就愈有效。

突顯胎面變形和微打滑之間轉變的，是橡膠對路面的摩擦係數（$\mu$）。希望你還記得第一章的內容，這項係數是讓一種材料滑過另一種材料所需的力量。在乾燥路面上的橡膠輪胎，$\mu$ 值永遠都介於 0.9～1.3 之間，也就是說兩者間有十分良好的接觸。在潮溼的情況下，$\mu$ 值會大

幅下降，如果路面非常光滑，甚至可低至 0.1。幸好眞實世界的大部分路面都夠粗糙，在潮溼時仍可保留一些抓地特性。但是爲了要達到這樣的質地，胎面膠需要有彈性，也能通過水。還好，你的夢想車的輪胎處於完美狀況，已經準備好迎接突然降下的傾盆大雨。

輪胎上的胎紋都不是隨便設計；它們都有特定的目的。當輪胎輾過潮溼表面，可能會有一小排的水堆積於輪胎前。胎面的裂縫會外展，把這排水吸離地面，並引入胎圍周圍切割出的寬溝。水會從那裡流入側溝，迫使其流出輪胎側，並流出接觸面。這會讓輪胎隆起的肋條和胎面塊直接接觸路面，使用壓痕作用，並提供抓地力。輪胎在潮溼路面的排水能力效率驚人。倍耐力表示，其爲 2020 年 F1 賽季製造的雨胎有大量胎紋，當車輛全速前進時，「每一道胎紋每秒都能分散多達 65 公升的水量。」

每次過彎時，胎紋也有類似的功用。當你轉動方向盤，輪胎會朝向轉彎處，車體的重量就像煞車般不均勻地分布於輪胎；這次外側兩顆輪胎的負重會比內側輪胎還高。在彎道處，賦予輪胎抓地力的胎面塊彎曲和微打滑會橫向發生──換句話說，輪胎會往側邊變形。所以四面八方的抓地力都相等的胎紋，加上剛硬的胎邊，就能爲你帶來最可靠的過彎表現。

胎紋唯一的眞正缺點是會發出很大的噪音。無論你信不信，車輛高速駕駛時發出的噪音，大部分都是由輪胎和路面之間的作用產生。也正是那些作用，讓重型載具以時速 50 公里（30 哩）以上的速度行駛時會發出明顯噪音。輪胎的變形，以及胎面塊在粗糙路面的彎曲、伸展和微打滑都會發出聲音，且會受到車的重量和速度影響。輪胎本身有彈性的空腔充滿空氣，在轉動時會像鼓一樣發出低頻的雜音。胎面塊的大小和方位，以及彼此之間的間隙，也有可能影響輪胎噪音。雖然競技胎完全稱

不上安靜，不過大致上，胎紋愈厚、紋理愈複雜，就愈吵雜。路面也有影響，光滑、多孔的路面在輪胎下方和周圍產生的氣壓最低，會導致噪音較小聲。

就像本書大部分的內容一樣，所有的效應和相互作用很難完全切割，但是我認為，那正是輪胎抓地力如此迷人之處。是橡膠撐起這一切。這項材料被人類所用已超過 3000 年時間，1800 年代，當兩顆輪胎第一次被組裝在一起時，輪式運輸被徹底顛覆了。輪胎讓我們得以順利又有效率地搬運物品；可將摩擦力為我們所用，並快速往前推進。但是我們很快就會發現，摩擦力能「折磨」我們到停止。

## 煞車

貝爾塔（Bertha）天未亮就醒了。她今天要長途駕駛，所以想早點出發。她和兩個還是青少年的兒子，理查和尤金，安靜地走進車庫熱車。他們今天要從在曼海姆（Mannheim）的家一路往南，開到貝爾塔的出生地普弗茲海母（Pforzheim），中途還要在很多地方停留。幸好，八月這天的天氣很好，因為他們的車是敞篷車。輪胎也是相當初階的輪胎；兩個後輪是鋼絲內襯，而單一可轉向前輪（single steerable front wheel）則是固態膠內襯[63]。不過縱然外表看起來很簡單，這輛車卻讓工程師深感欽佩。這輛車是由貝爾塔的先生卡爾（Carl）設計和打造──貝爾塔提供金

---

[63] 賓士專利電機車一號（The Benz Patent-Motorwagen Model I）有鋼絲輻條輪和固態膠輪。貝爾塔賓士駕駛的是電機車三號（Model III）──根據戴姆樂〔Daimler，梅賽德斯─賓士（Mercedes-Benz）公司的母公司〕的說法，其輪子有木製輻條，並以鋼絲或橡膠為內襯。

錢上的資助──賓士專利電機車（Benz Patent-Motorwagen）是全世界第一輛汽車產品[64]。卡爾·賓士（Carl Benz）是天賦驚人的工程師。短短十年間，他取得汽油二行程引擎，其調速器、點火系統、化油器，蒸發冷卻器，以及電機車的設計專利。但是他沒有商業頭腦，而且比起敲鑼打鼓讓他的新發明獲得新聞關注，他更喜歡在他的工作間敲敲打打修理。

另一方面，貝爾塔深知，為了讓公司獲得商業成就，人們需要知悉背後所有的故事。她開始醞釀她的計畫，在 1888 年的那一天，她與兒子們踏上他們的旅程──史上第一次汽車長途自駕旅行。他們留了張紙條給卡爾，說他們要去探望貝爾塔在普弗茲海母的母親，但卻沒有提到他們要如何前往。過了好幾個小時之後，卡爾才搞清楚發生了什麼事。

貝爾塔這趟旅程說有多誇張就有多誇張。在那之前，汽車不曾在鋪好的公路上駕駛超過幾百公尺的距離，而且設計師總在不遠處待命。這輛車只儲存了 4.5 公升（約 1 加侖）的燃料，且非常需要定時加水，也就是說這三個人得在途中尋找補給，而那個時代還沒有休息站這項設計。而且車上只有兩個變速齒輪；不太足以爬上他們在途中會遇到的陡坡。儘管有以上諸多不便，他們出發後不到 12 小時，貝爾塔就發了封電報給卡爾，告知他們已平安抵達，全程 104 公里（65 哩），只有在上坡時稍微推了一下車。

從新聞報導來看，這趟旅程相當成功。媒體對貝爾塔、她兒子，以及由她先生打造、讓三人平安抵達普弗茲海母的這架「冒煙怪物」相當感興趣。電機車的訂單開始從四面八方湧入；賓士家族正要成名和致富。但是這趟旅程對於汽車的科技發展也扮演關鍵角色。那是首次真正的「試駕」，而且貝爾塔在途中解決了好幾個實務上的問題，像是只用她當下

手上有的工具就修復受損的點火線（ignition wire），並暢通阻塞的油管。這趟旅程也促使卡爾再多加一組變速齒輪，這也有助於讓汽車的實用性更無窮無盡。貝爾塔也發明了一些對道路車輛絕對重要的東西：煞車片（brake pad）。卡爾原始設計中的煞車是由整塊木頭構成，但是貝爾塔發現，如果木頭具備有彈性但強韌的外塗層，可以更有效地夾住鋼輪胎框。所以他們開車回到曼海姆幾天後，她請當地的一位皮匠用厚皮革夾住煞車片。最後的煞車片成果成為賓士專利電機車的標準配備，能讓汽車從時速最高 16 公里（10 哩）降速。

　　但是當引擎的動力變得愈來愈強，車速愈來愈快，重量愈來愈重，要停下來就變得愈發艱難。在木頭上包覆皮革的煞車片只好讓道給浸泡橡膠的布料與纖維，而這些材料都有各自的問題，尤其是它們在被最需要時可能會起火燃燒。20 世紀的第一個十年出現了一個解決方法——一種不可燃、有化學抗性，強健又相對便宜的材料。石棉，儘管這種材料有顯著的健康風險，但仍佔據煞車片首選之位逾 70 年 [65]。現在的煞車片是由各種不同的材料製成，大致可歸類為黏結劑、填充劑，和摩擦修飾劑（friction modifier）。黏結劑是把所有材料黏在一起的黏膠，最常見的成分是酚樹脂。煞車過熱時發出的刺激氣味正是來自這個成分。填充劑可以是金屬纖維或磨碎的橡膠等任何東西，會依煞車片的具體需求選擇：也許想要增加強度與耐用度，或降低煞車所產生的噪音。摩擦修飾劑則如其名，會微調最後煞車片的摩擦特性。常被用於此的有粉末金屬還有陶瓷粉，它們會與石墨和堅果萃取物調和，在混合物中各自扮演特定的

---

[65] 至少從 1898 年開始，石棉對人體健康的危害就時有所聞，從那時候起，其纖維就被認為與癌症和其他危險的肺部問題有關。撰寫本書之時（2020 年），全世界已有 67 個國家禁用各種形式的石棉。

角色。不過最後，煞車片的設計核心只有一個──產生一致且可靠的摩擦力。

在電機車上，駕駛必須拉一根拉桿才能啟動煞車，把煞車片夾上後輪。現代的汽車煞車系統顯然精緻許多，但結果大致上一樣──煞車要與輪胎接觸才能讓汽車慢下來。碟式煞車（disc brake）是一組煞車片跨嵌在一個會隨著輪胎旋轉的平板（或轉子）上。這組煞車片通常原本不在旋轉的煞車碟盤附近，但是當你把腳踩到煞車踏板上時，會有小型的液壓活塞把煞車片推向煞車碟盤。鼓輪煞車（drum brake）的原理也一樣，不過煞車片和它們貼上的表面是彎曲的。兩種系統都可以讓汽車停住，但是碟式煞車比較有效率。這就是為什麼大部分道路車輛的內建配備選擇會是碟式煞車──至少前兩輪是如此，煞車大部分是由前兩輪負責。鼓輪煞車通常限於後輪，但是有愈來愈多高性能車也把後輪的煞車換成碟式煞車。

所以煞車片接觸到煞車盤時到底發生了什麼事？第一也是最明顯的是會產生大量的熱。F1賽車的煞車溫度超過1000℃相當正常，這也是為什麼駕駛減速過彎時，有時候能看到煞車碟盤灼熱發光。對這股熱度的來源，最常見的解釋是煞車片與煞車碟盤之間的摩擦力所產生，但是背後原理又比這個還要再更微妙一點。一輛移動中的車有很多動能，所以為了慢下來，就需要甩掉那股能量，最終將之降至零。碟式煞車將動能轉化為其他形式來達到這個目的──主要是熱，但也有聲音，偶爾會有光。當踩下煞車，煞車片與煞車碟盤開始迅速相互滑動，它們的表面就會產生相互作用。煞車片的設計不光滑又粗糙，這都多虧其冗長的成分清單。但是就算是拋光的煞車碟盤，標準道路車輛配備的煞車也是用鑄鐵製成，不會完全光滑。所以它們的顯微表面會相互撞擊，有時候會彎曲和彎折，有時候則會破裂和制動。這不僅會產生用來讓煞車碟盤減速

的阻（摩擦）力，也會消耗動能。

所以某方面說起來，煞車溫度高代表這個過程有效，但是如果不多加確認，這可能造成很多問題。當煞車片製造出廠時，是以高溫和高壓「烘烤」，讓黏結劑硬化，把摩擦材料黏附於背面。如果反覆踩煞車，或長時間踩著不放，溫度可能會過高，導致黏結劑開始蒸發。散逸的空氣會在煞車片與煞車之間形成薄薄一層隔層，減少它們的接觸，導致摩擦力下降。這是一種煞車失靈（brake fade），可說是相當嚇人的經驗——即使緊緊踩著煞車踏板也只有稍微減速。溫度過高也會導致煞車油管的液壓液體沸騰，使得煞車踏板比較沒反應。煞車失靈通常是暫時的，只要放開煞車踏板，讓煞車冷卻，就可以修正問題。碟式煞車比鼓輪煞車更不容易失靈，原因很簡單，因為它們暴露於空氣之中，所以可以相當快冷卻下來。材料的選擇也有影響——萃取自腰果殼的化合物會增加煞車片的熱穩定性，有助於散熱。此外，有些道路車輛和重型載具會使用有凹溝或氣孔的碟盤；這可以讓黏結劑的氣體有路可逃，並增加煞車系統周圍的氣流。在 F1 這種場合，速度和溫度都很高，所有零件都努力發揮極致性能，煞車也會大幅升級。

## 競速

雖然似乎有點違背直覺，但是煞車是高速駕駛不可或缺的一環。不管是在哪個賽車場，駕駛的目標之一就是保持在賽道的最佳路徑（racing line）——繞行賽道的最短路徑。所以駕駛過彎時不會沿著急轉彎處長長的外彎道前進，而是「夾著」彎道的內側，稱為彎頂點（apex，即過彎

路線中最接近彎道內側的點）的地方，以將他們必須行駛的距離縮到最短 [66]。這麼做需要非常精準的煞車：要在剛剛好的時間對煞車踏板施予剛剛好的壓力。當他們辦到時，駕駛就會出現在賽道轉彎處的絕佳位置，且依然帶有征服下一段賽程所需的速度。但是這樣的開車方式會耗損煞車；而且有些賽道沒什麼機會可以讓煞車冷卻。

以世界知名的摩納哥街賽道來說。雖然僅長 3.34 公里（2 哩多），是 F1 賽程中最短的賽道，但是卻必須不斷踩煞車和加速。煞車製造商布雷博（Brembo）指出，2019 年賽季中，駕駛們每一圈使用煞車 18.5 秒，多過總賽程的四分之一。在需求最高的轉彎處，汽車要在不到 2.5 秒的時間內將時速從 297 公里（185 哩）減至 89 公里（55 哩）；這會將大量動能快速轉換成熱能，難怪煞車碟盤會冒出火花。為了要負荷這樣龐大的熱負載，製造商在每個煞車碟盤的邊緣鑽入細小的徑向孔——數量超過 1000 個。這樣的小孔可以增加煞車碟盤的表面積，比較容易散熱。但是也具有通氣孔的功能。與安裝在各個輪框上的大型冷卻管相結合時，可以把冷空氣拉入煞車碟盤中心，把熱空氣從邊緣帶走。還有個額外優點，這些 F1 煞車碟盤相當輕，重量約各為 1 公斤（2.2 磅），相較之下，差不多大小的鑄鐵煞車碟盤則為 15 公斤（33 磅）。所以為什麼不全面使用這種煞車碟盤呢？有個原因是價格——每片煞車碟盤可能要價高達 2000 美元（約 1500 英鎊），而且要六個月的時間才能製成。它們也不太耐久，通常每次比賽後就得更換。最後，它們受限於一定的工作溫度，只能處於 350～1000℃。低於溫度下限時，它們幾乎不具有停止能力——煞車片與煞車碟盤無法產生足夠的抓力。但是如果煞車的溫度高於上限

---

66　我們在日常生活中不會這樣做。一般車道通常是注重汽車在開放道路上的位置，而非對速度的需求。

值太久，則會災難性地失靈。如馬歇爾對我描述的，「彷彿在踩縫紉機。當這種狀況發生時，煞車碟盤耗盡『材料』的速度有多快，簡直難以置信。」

科技有助於車隊和駕駛控制他們的煞車，但是就跟 F1 的大部分狀況一樣，沒那麼簡單。冷卻管的大小與形狀可控制流經煞車碟盤的空氣量，所以你可以想像管子愈粗愈好。但是如 F1 傳奇工程師帕特·西蒙茲（Pat Symonds）告訴《賽車工程》（Racecar Engineering）雜誌的，冷卻有其後果：「遇到像蒙特羅這樣需要一直踩煞車的賽道，我們被迫使用一些該賽季最粗的管子。從最細的冷卻管換到最粗的冷卻管，會犧牲 1.5% 的空氣動力學效率，這代表最高速度時速會減少 1 公里。」我可以想像這會引發車隊的煞車工程師與他們的空氣動力學家爭辯。就連測量煞車配件的溫度都不容易。馬歇爾告訴我，在奧斯頓馬丁 F1 車隊中，他們會在煞車片的安裝托架中埋入高溫的熱電偶，和一系列直接朝向煞車碟盤的遠紅外線感測器。電視轉播賽事時偶爾會出現的彩色熱影像，主要是為了給我們這些觀眾看——顯示出他們建議的最高溫度。

煞車片與煞車碟盤之間還有另一個重要的過程是磨耗。所有滑動與摩擦都會對兩個表面造成實質傷害；每次煞車作動，兩者都會有微粒破裂。在煞車系統的使用期間，這會逐漸降低材料的摩擦係數——換句話說，會失去它們的抓力。但這不只是因為彼此的表面被「磨光」，或是失去黏性。磨耗也會形成摩擦膜（tribofilm）這種東西——煞車片與煞車碟盤相接觸時壓碎的一層非常薄的細粒狀材料。「談到磨耗與摩擦力，摩擦膜非常有影響力，」英國里茲大學（University of Leeds）的沙赫里爾·柯沙利（Shahriar Kosarieh）說。「我們把這層膜視為『第三體』，因為儘管它是由互相滑動的那兩種材料製成，其化學與機械性質還是與那兩種材料不同。」關注各式各樣市售鑄鐵煞車片的德國研究人員發現，

無論煞車片是什麼材質，形成的摩擦膜總是會受到氧化鐵（$Fe_3O_4$）控制，其他成分的影響力則相當微弱。「摩擦膜會控制散熱，且能減少摩擦力——它會主導性能，」柯沙利繼續說道。「煞車製造商很清楚這一點，調配自己的煞車片配方時會考量這一點。煞車片與煞車碟盤要互相搭配，才能產生最佳性能。只要你更動了任一個材料，就會改變界面產生的結果。」

柯沙利最近的研究關注鑄鐵煞車碟盤輕量替代物的摩擦表現，這些輕量煞車碟盤主要都是鋁製。不只有他這麼做——整個汽車產業都對減輕重量很執著，主要是因為汽車的重量愈輕，消耗的燃料就愈少，環境影響也愈少。目前是以鋁為主流。「那是一種低密度金屬，約比灰鑄鐵（grey cast iron）還低 2.5 倍，所以減輕重量的可能性很高，」他跟我在電話中閒聊。「鋁的導熱性也很高，在表面形成的氧化物也具有一些防蝕效果。」把鋁合金與碳化矽等硬質陶瓷材料結合也能提升其強度。「但是鋁的問題在於當溫度高於 400℃時會開始熔化。就煞車而言，這代表摩擦力突然銳減，也是你能想像最糟的狀況。所以更加促使工程師更努力找出方法，既能讓表面有比較好的熱穩定性，使用壽命又能更持久。」

對柯沙利而言，最有意思的其中一種方法是電漿電解氧化（plasma electrolytic oxidation, PEO），這是用一個電場在鋁的表面形成一層複雜又高度耐磨的薄層。當他測試各種不同以電漿電解氧化處理過的鋁盤性能時，發現有些可以撐過約 550℃。不過，許多案例的摩擦係數太低——低於實際煞車系統所需的最低閾值。柯沙利並不洩氣。「煞車是整個系統一起作動。如果你拿到一個新的煞車碟盤，那你也需要把對位碟盤調整到最佳狀態。製造商設計出專供電漿電解氧化塗層煞車碟盤使用的新煞車片配方。」我只找到幾篇已發表的研究，結合了電漿電解氧化煞車碟盤與這些新的摩擦片，但是結果看起來大有希望。輕量的鋁製煞車在

未來的道路車輛上可能有機會亮相。

　　F1 在 1970 年代晚期為它們的煞車碟盤和煞車片找到了不同的解決方法，從那時候起就沿用至今：一種稱為碳－碳（carbon-carbon）的材料，在石墨基質裡包埋高度有序的碳纖維。其散熱效果非常好，所以也用在太空梭上。雖然它聽起來可能跟 F1 賽車底盤用的碳纖維很類似，但其實是非常不一樣的猛獸。製造碳－碳很緩慢且複雜，此材料是由原子薄層堆疊成層。它在摩擦力方面勝出，提供的抓力比傳統煞車配件高 2 倍（在其理想工作溫度範圍內）[67]。但是那並非魔法。在競速的壓力之下，這種材料終究會磨耗殆盡，部分是由於摩擦，但也有化學方面的因素。溫度上升時，碳－碳會與空氣中的氧氣產生反應，而氧氣會提高其劣化程度。你有時候會看到 F1 駕駛大力踩煞車時冒出黑塵，這就是原因。

　　這個過程代表車隊需要監測的煞車項目不只是溫度。馬歇爾跟我說，他們會使用壓力感測器留意流經管子的氣流。他們也有針對磨耗的電子感測器，可以測量胎側的活動。「我們使用這些儀器測量煞車片還能接觸煞車碟盤多久。由此可以推論總磨耗程度 —— 也就是煞車片與煞車碟盤的磨耗總和。」為了推算總磨耗比例與煞車片的關係，以及對煞車碟盤的磨耗程度，車隊會把感測器數據對照以往試駕和賽事所蒐集的煞車數據。「我們可以從所有資料中追溯比賽時的磨耗速率。如果太快，我們可以調整煞車平衡，以免磨耗最高的車輛壽終正寢，或可以請駕駛找一些乾淨的空氣冷卻煞車。」不管怎麼做，目標都是確保駕駛在需要的時間和地點擁有阻擋能力。任一賽季都會面臨數以千計的彎道，這些系統，當然還有駕駛，都表現卓越。

[67] 根據布雷博的說法，碳－碳煞車碟盤與煞車片之間的摩擦係數可達 0.9。鑄鐵煞車碟盤加上標準煞車片的 $\mu$ 值約為 0.4，對道路車輛而言已綽綽有餘。

　　馬歇爾和我在這次參訪進入尾聲坐下來喝咖啡時，我們聊到賽季無止境的節奏：每一、兩週要參訪新的賽車場、為了最不可能發生的事故做準備、不斷調校系統以符合日新月異的需求。不曾消停的壓力還能再更大嗎？他苦笑了一下。

　　F1 一向關乎權衡取捨。從我們今天談論的內容就知道——煞車冷卻、空氣動力阻力、下壓力、輪胎抓地力。所有因素都會相互作用，我們沒有餘裕只挑其中一項做到頂尖。全都得像個系統共同運作，這也是為什麼需要一大群人組成車隊。這項運動充滿挑戰，但是身為工程師，總是得留心下一個冒出來的問題，這也是我每天起床的動力。而我熱愛無比。

第六章

# 搖晃的群島
# These Shaky Isles

　　2018 年 10 月 30 日，我坐在紐西蘭威靈頓（Wellington）的書桌前，開心地寫著冰壺的相關文章時，我感覺到一陣低鳴。對從小到大都不曾經歷過地震的人來說，地震的感覺非常陌生，但是身體裡每一條神經似乎都很清楚這是一種威脅。我們幾年前從倫敦搬到紐西蘭之後，曾經歷過幾次短暫的微震，但這是我第一次必須遵照紐西蘭政府的「蹲下、掩護、抓緊」（drop cover hold）建議爬到桌子底下，手中緊抓手機。搖晃持續了幾秒，把幾枝筆震到地上，除此之外沒有造成太誇張的破壞。但是幾分鐘後，我的紐西蘭丈夫打電話來確認我的安危時，我依然緊抓桌腳，心跳加速。

　　這次地震並不嚴重，但卻提醒了我紐西蘭不穩定的地緣。這個國家橫跨兩大板塊構造的邊界，這兩大板塊緩慢且不可避免地朝彼此移動。那相互作用的本質很大部分取決於位置。在南島（South Island，毛利語：Te Waipounamu）的底部，澳洲板塊（Australian Plate）下潛或隱沒於太平洋板塊（Pacific Plate）下方。北島（North Island，毛利語：Te Ika-a-Māui）的東岸外海，狀況則相反──太平洋板塊在此傾沒於澳洲板塊之下。但是在兩處之間幾乎沒有隱沒。相反的，兩個板塊在大部分南島底下彼此研磨。就是這些相互作用的複雜性，賦予紐西蘭戲劇性的景觀。南阿爾卑斯山脈（Southern Alps）有白雪靄靄如電影明星般的帥氣外表，科羅曼德爾半島（Coromandel Peninsula）則有沙質細緻的沙灘，這個國

圖 15：奧特亞羅瓦（按：Aotearoa，毛利語稱呼「紐西蘭」之意）紐西蘭位於複雜又不斷變動的板塊邊界，斷層綿延交錯於地景之下。

家不可否認擁有豐富的地質樣貌。

　　太平洋板塊與澳洲板塊是地球外殼層八大硬塊的其中兩塊，由地球外殼層的岩石圈分裂而成 [68]。這些大型地殼板塊受到板塊下方岩體內的熱流及巨大壓力驅使，會以每年幾公分的速度相互移動。雖然這樣的速度聽起來不快，但是幾十億年來已經塑造也重造了地球，板塊邊界正是大部分作用發生之處。在擴張邊界（divergent boundary），分離的板塊會形成新的地殼。在海底下，這會形成如大西洋中洋脊（Mid-Atlantic Ridge）等地貌；在陸地上則是產生裂谷。聚合邊界（convergent boundary）和轉

---

68　根據地質與核子科學研究所（GNS Science）的說法，「有 7 ～ 8 個大板塊，和許多小板塊。」《世界地圖集》（World Atlas）則認為有九大板塊。

換邊界（transform boundary）——如遍佈紐西蘭的景觀——往往會使原有的地殼變形，當板塊朝著彼此（聚合）或沿著彼此（轉換）移動時。就是它們造成比較戲劇性的地質事件，也就是造山、火山和地震。它們也是這國家之所以稱爲「搖晃的群島」（Shaky Isles）的原因。短短一年之內——我確信向來如此——地質監測機構 GeoNet 的震測儀器廣大的網絡就偵測到 20759 次地震[69]。雖然紐西蘭地震只有一小部分會大到人體有感的程度，但是這些地震也是日常生活的一部分，而且它們長久以來交織於各島嶼的本地傳說故事中。毛利人有位名叫羅奧摩柯（Rūaumoko）的神明，據說就是祂在地底下活動，導致地震的低鳴及火山活動的嘶鳴聲。但是這些地質事件很常提醒我們，它們造成的衝擊感覺遠比神話世界還嚴重。

2019 年，風景如畫的普倫提灣政區（Bay of Plenty）有個小島登上世界頭條。法卡里〔Whakaari，英語稱爲白島（White Island）〕的火山噴發，奪走 22 條人命，25 人重傷。這座島幾十年來都是觀光勝地，因其低度火山活動的跡象——充滿噴氣口、深坑和冒泡的泥池，一年有一萬名遊客湧入海岸。法卡里不曾眞正安靜；它是持續活動至少 15 萬年的巨大錐形火山的山尖。紐西蘭最重要的地質科學機構，地質與核子科學研究所，從 1976 年開始就一直在監測島上的所有系統。那場災難性的噴發之前兩週，地質與核子科學研究所提高了火山警戒級別，表示他們的偵測器接收到的訊號模式顯示，這座島「也許會進入噴發活動很可能高於正常的時期。」儘管如此，旅行社依然提供前往該島的每日導覽。後果十分嚴重。

雖然法卡里火山以不幸的方式提醒我們地球的活動，但生活在板塊

---

[69] 資料於 2020 年 2 月 10 日取自 GeoNet 的統計數據頁面；過去 365 天發生的地震事件次數＝ 20759。

邊界的事實就是，地質不穩並非你真的有辦法避免的事。沒錯，你可以評估和監測風險，並竭盡所能地做好準備，但是一定還是可能會發生「大型事件」，讓整個世界天翻地覆。如紐西蘭近年歷史所顯示，地震可能發生在最意想不到的地點，且表現會與所有原本的認知相牴觸。

在我們開始解決那些特別複雜的事件之前，要先來談一些基本的知識。首先是絕大多數地震都發生在斷層，也就是地殼斷裂處[70]。當板塊構造永續地相互滑動和碾壓，板塊上層會累積巨大壓力，導致長數十公分至幾百公里的裂痕。這些龜裂或斷層會沿著地殼移動的地方標示出一條線。斷層也是地殼塊之間的脆弱帶，所以日後任何活動都會優先發生於該處，使它們成為地震地質學家最感興趣的地方。

斷層的活動通常要不非常慢，要不就超級快，這也是斷層活動值得討論的原因。拿兩個大小差不多的模型黏土，把它們捏成塊狀。並排放置後相互接觸，使其稍微相黏。很好，你已經製造出一個斷層。現在，施一些力。在擴張邊界，也就是板塊彼此分離之處，岩體會承受拉應力。換句話說，是作用於其上的力量把它們拉開。你可能會看到你的黏土模型在你從兩端拉開時延展並變形。地殼也會出現額外的應力，但是這些邊界的主要應力形式是張力。結果就是產生**正斷層（normal fault）**，斷層一側的岩體相對另一側往下掉。

如你所料，在聚合邊界，板塊朝彼此移動之處，佔上風的是壓應力（compressive stresses）。因為黏土延展性很好，你的模型只說出故事的一部分。雖然地殼深處的岩體的確會慢慢變形，但是地殼高處的岩體

---

70　大多如此，除了地底下非常深層的地震（比 600 公里還深，即 370 哩）。我們目前還不夠了解深層地震。我的朋友，同時也是聖路易斯華盛頓大學（Washington University）行星地質學家，保羅·拜恩（Paul Byrne）副教授告訴我，即使這麼深的地方的溫度非常高，部分地函（mantle）還是有可能會跟上岩石圈一樣斷裂。

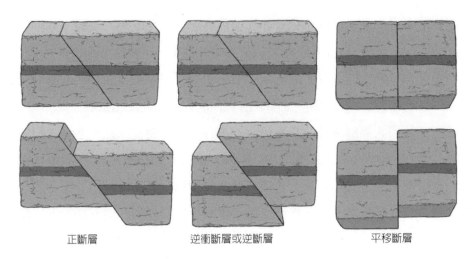

| 正斷層 | 逆衝斷層或逆斷層 | 平移斷層 |

圖 16：此處顯示的三種斷層會引發地震。

則會因擠壓而破裂。基本上，擠壓應力的結果是產生**逆衝斷層**（**thrust fault**），在地震活動期間，一側會相對另一側朝上移動。

　　最後，地殼塊也會側向移動通過彼此身邊，沿著通常近垂直的轉形斷層線（transform fault line）。作用於此斷層附近岩體的主要應力是水平剪力，造成的結構稱爲**平移斷層**（**strike-slip fault**）。在你的黏土塊中，接點附近這些應力所造成的延展、扭曲結果，應該很容易就能看出來。

　　在地球上所有板塊邊界帶沿線，岩體都會因這些應力而塑型和應變。一般來說，變形的過程很緩慢且相當可以預期，也爲我們帶來納米比亞（Namibia）和加拿大洛磯山脈看到的那些著名皺摺岩層。但是隨著時間過去，那些岩體會累積壓應力和剪應力，當累積得太高時，它們會移動，以地震波的形式釋放能量。累積應力突然釋放造成地殼的突發滑動，就是我們所說的地震。

　　但是如此描述過程會忽略一個重要因素，這個因素有助於構成當代

146

地震理論。這個因素也能說明爲何一本專談表面科學的書會特別有一章以紐西蘭的地質爲主題。說到理解地震活動，掌管一切的是**摩擦力**。

## 黏

你曾因演奏會上小提琴家拉出清脆又清晰的樂音而深感敬佩，或在安靜無聲的屋子裡，因嘎吱作響的開門聲而被嚇到嗎？如果有的話，那你已經很熟悉主掌地震的那種摩擦力了。**黏滑運動**（Stick-slip motion）是兩片相接的表面相互移動時發生摩擦不穩定所造成的結果。你可以想像，如果兩片表面都非常光滑，那就可以隨意滑動——理論上兩者間不存在摩擦力。但是事實上，如果我們把鏡頭拉得夠近，可以識別構成表面的各個原子，就能清楚看到沒幾樣材料是眞的「光滑」。即使是最徹底拋光的玻璃片，其實都覆蓋了一層凹凸不平的緻密原子。大多數材料中，這種粗糙度會比較大，代表兩個平面相互滑動時會遭遇一些阻力或摩擦力。當它們滑動時，這些小特徵會相互作用，甚至互相卡死，暫時停止運動。靜摩擦開始發揮作用——表面保持靜止的時間愈長，要再次動起來就更困難。啓動滑動運動的剪應力會一直不斷繃緊材料。這段時期就是「黏」的時期。最後，用來讓表面滑動的力量，會超過維持其靜止的摩擦力。在那個時候，表面會先快速往前滑動，然後再次靜止。假設系統內沒有任何變化，這個間歇的黏—滑—黏—滑循環就會無限反覆。

如果你想要體驗黏滑運動，把一根手指放在眼前的桌子上（或任何固體表面上），並往前滑。容易滑動嗎？現在再重複動作，但是這一次，

往前滑的同時盡力往下推。你的手指應該會往前劇烈震動，在移動和黏住之間交替，與摩擦力不斷奮戰。

黏滑的摩擦行為會發生在任何相互移動的兩個表面，且跨越從原子到地殼板塊的所有長度尺度。雖然導致這件事背後的實際機制依然還有一些爭議（在第九章會再詳述），但是其影響隨處可見。例如，黏滑是小提琴得以發出琴聲的關鍵，因此演奏者會定期在琴弓塗抹特殊樹脂以增進此效果[71]。這同時也是濕手指摩擦酒杯杯緣時發出悅耳音樂的來源。這個現象比較常被視為需解決的公害或問題──對那些操作精準機械系統的人而言，黏滑運動是世仇。

1960 年代，首先正式把滑動表面不平穩、停停走走運動和地震機制連結在一起的地質學家是威廉‧F‧布雷斯（William F. Brace）和詹姆士‧D‧拜耳萊（James D. Byerlee）。當時的主流模型認為，震動是代表有一塊地殼即將達到斷點。也就是說，當累積的應變力很高，導致岩體破裂，形成斷層以釋放所有應力，再回到原本的位置時，就會發生地震。雖然其反映出在現場和實驗室中觀察到的地震運動，但是此模型有一些限制。首先，它並未說明應力是怎麼在先前已破裂而弱化的岩體中堆積。它也大幅高估在真實、淺地殼地震中的應力下降。所以，1966 年，布雷斯和拜耳萊開始用一系列的實驗室實驗釐清過程。

他們一開始對一個無裂隙的桶狀花崗岩施加壓縮性負重，逐漸增加應力，直到形成斷層。一旦形成，會伴隨突然的應力下降，以及斷層沿線會有小型的滑動運動。該運動停止後，布雷斯與拜耳萊再次施壓。這一次，應力在比之前稍低的程度時就下降，且未一致形成新的斷層──花崗岩只不過漸漸往前沿著原有的斷層滑動，然後再次停止。他們寫下，

---

71　同一種材料也會為體操、舞者和拉力賽車手所用──向來是為了提升表面之間的抓力。

「這個忽然往前的滑動可能在這個斷層上幾乎無限地繼續發生，應力會累積然後再釋放。每一次應力釋放都會伴隨斷層少量滑動」（如果這開始聽起來有點熟悉，這是好現象）。

在他們的第二個實驗中，研究人員用已經人為弄斷，以類似「天然」斷層走向切割的花崗岩樣本，再把它往前推。再一次，他們又觀察到可識別的突然往前滑動模式，不過相關應力低很多。他們又在化學組成不同的拋光和粗糙岩體上重複實驗。所有案例都發生這個黏滑運動。布雷斯與拜耳萊的實驗結果，讓他們得以填補原有模型的一些缺漏。他們藉由指出「地震可能代表釋放僅僅一小部分由岩體支撐的總應力，」解釋為何岩體處於應能承受得住的應力之下，還是會發生大地震。也說明了已經碎裂和斷裂的岩體突然釋放能量的可能機制。

他們的模型並未描述地震特性的所有特異細節——如果有的話，我們就能用來預測地震的發生——但是對於讓我們理解這些地震事件已往前邁進一大步。它也凸顯了更徹底釐清岩體—摩擦物理學的必要性，這個領域會在之後改變我們執行大規模基礎計畫的方式。現在，地震斷層活動幾乎都被視為一個斷層平面上的摩擦滑動。原始岩體的確依然會滑落和破裂，尤其是靠近表面的岩體，但是已知的活斷層行為是受到黏滑運動所主宰。在真的斷層上，「黏」期可能長達好幾十年或幾世紀之久，而「滑」期通常只有幾秒時間 [72]。能量釋放這麼快速，也難怪地震往往被比做地表下的爆炸了。像「其威力相當於引爆四百顆原子彈」，或「相當於拜百萬噸的 TNT 炸藥」這類的句子，在新聞媒體都時有所聞，但我訪問過的地質學家中，沒有任何人特別推崇這種類比。如地質與核子科學研究所的喬恩・

---

[72] 日本 2011 年東北地方太平洋近海地震（也就是 311 大地震，及後續引發的海嘯），有超過兩萬人喪生，滑動持續了好幾分鐘。這是這場地震破壞力如此驚人的原因之一。

凱里（Jon Carey）所說，「把地震描述成引爆，會導致聽起來像是發生在單一個地方，且是拉了某種引信造成；但是事實上遠比這還複雜許多。」

通常會跟登上頭條的地震一起出現的另一個相關數字是：地震的規模。我們（非地質學家的人）往往會把這想成一場地震的破壞力有多大，但那並非完全正確，或僅說明了部分事實。在 20 世紀初期，地震規模是以芮氏地震規模（Richter scale）為基準，這是地震儀用來確認地震引發之地面運動，以及地震震波行經之距離的數值。透過特定的公式把這些數值結合在一起，地質學家就可以推算出地震的規模。雖然它也能清楚描述規模較小的地震事件，但是芮氏地震規模往往低估了較大的地震，所以也漸漸不那麼為人所愛。

現在，像地質與核子科學研究所和美國地質調查局（US Geological Survey）這類機構所使用的標準，稱為**地震矩規模（moment magnitude）**。這種標準是使用非常敏感的地震儀所蒐集的地面運動數據，以確認滑動的距離，以及很重要的，斷裂處上方的表面積。地震矩規模會把這個資料結合斷裂的岩體本身的資訊——也就是說，其剪力模數〔shear modulus，或剛性係數（rigidity）〕。這樣的關係讓地質學家可以用更為可靠的方式量化地震事件發生時釋放的能量。這也代表在難以彎曲或剪切的岩體的震動往往振幅最大。不過，為了理解地震會對地表造成的影響，我們也需要知道其焦點的位置；地震發生的深度。

十月那場讓我躲到桌子底下的那場地震（後來才知道，也讓紐西蘭國會暫時停擺）規模 6.2。無論使用什麼量表，這樣的地震都會被視為強力地震。全紐西蘭大約有 16 萬人在地質監測機構 GeoNet 網站入口回報這場地震為「有感」地震。不過，這場地震未對地面的建築結構造成任何損傷。依你在地球上的所在位置而異，地球的地殼厚度約為 5～50 公

里之間（約 3 ～ 30 哩）。但是這場地震的焦點卻遠比這個厚度還深。GeoNet 感測器偵測到的深度為 207 公里（129 哩），完全位在地函內。因此其所產生的地震波，速度可達每秒 14 公里〔時速 50400 公里（31313 哩）〕，必須傳播經過大量岩體才能抵達地表。而地震波的減弱或衰減效應會消散它們的能量，並降低其可能的破壞力。發生於較淺層的地震，釋放能量時也會比較靠近地表，所以即使是振幅較低的地震，也可能導致建築物發生局部毀損。

所以當我們關注地震造成重大傷害的能耐時，我們需要同時考量地震矩規模以及地震深度。會發生地震的斷層也會因類型不同而產生不同影響，相關岩體的長度和大地構造作用力發生的區域也一樣。出於以上種種原因，隱沒帶巨型逆衝斷層（megathrust fault），也就是一個地形結構板塊下潛至另一個板塊下方的區域，會不斷在廣大區域產生壓應力，這裡就是地球上最大、最深地震的發源地。下一次最大的地震，往往出現在轉換邊界，沿著平移斷層發生。在這裡，剪應力的釋放可使地殼位移，單一事件就移動數十公尺。紐西蘭的地質學以這些斷層為主——也就是沿著北島東岸的希庫蘭吉隱沒帶（Hikurangi subduction zone），以及綿延至大部分南島的阿爾卑斯斷層（Alpine Fault）。說起來，這些的確是搖晃的島嶼。

## 實驗室

我前往威靈頓外圍 GNS 主園區的那天是晴空萬里。園區坐落於遼闊的哈特谷（Hutt Valley），夾在高爾夫球場和大型公園之間，那是個風景

如畫的地點。不過，身為移居的本地人，我很清楚該實驗室的祕密——其位置幾乎就在該區域最大也最活躍的斷層正上方。我依然還無法確定這顯得該實驗室地點完美，還是成了最奇怪的實驗室。儘管如此，我開車經過這個地方很多次，很興奮終於有機會踏入其中。我造訪的主要原因是要訪問勞拉・華萊士（Laura Wallace）博士，一位從我搬到紐西蘭就開始在社群媒體上偷偷跟蹤的地球物理學家[73]。但是除了跟我聊她自己令人驚嘆的研究（我們之後會談到），華萊士還很好心地把我介紹給喬恩・凱里博士，GNS 地質力學（geomechanics）實驗室的首席科學家。他的研究領域是測量岩體與土壤機制，因此他是回答我那些跟摩擦力有關但愚蠢至極問題的絕佳人選。

「我們是實驗主義者，我說真的，」凱里在他的辦公室坐在我對面時說，身上還穿著一件有小鵜鶘圖樣的上衣。「我們的工作是理解地震時地殼如何變形和移動，以及滑動與滑移。」他的團隊希望觀察地震發生時的變化，但是在現場幾乎不可能辦到。取而代之的作法是他們在可控、可測量的環境裡盡量準確重現地質事件。凱里有很多實驗都以坍方為主題，但是他也會研究從紐西蘭許多斷層採集而來的樣本，因為他說，「雖然它們看起來可能不一樣，但都屬於同一類問題。」到頭來，兩者都與岩體變形有關，且該過程有個關鍵特徵是**孔隙液壓（pore-fluid pressure）**。大多數岩石都是由不同大小、形狀和化學組成的顆粒所構成。但是就釐清特定岩體會如何表現而言，顆粒之間的空隙就跟顆粒本身一樣重要。那是因為在地面上，這些孔隙往往會存放可直接影響岩體機械特性的液體。你只要想想乾沙與溼沙的差異，就能理解水的潛在貢獻。

---

73 我說「跟蹤」（按：stalking，此字有跟蹤騷擾之意）是指追蹤她的推特，閱讀她發表的論文以及相關新聞報導，不用擔心。

雖然多孔隙的岩體中也會出現自然氣體和油，但是通常會被拿出來討論的液體都是水。

「水是一種迷人的材料。」凱里這麼說。「人們認為水是潤滑劑，因其可讓表面變得更滑，但是在地質學上通常並非如此。水對我們如此有影響力的原因，在於它在負重時不太容易改變體積。」換句話說，水幾乎不可能壓碎或擠壓，且事實上，孔隙液（pore fluid）會抵抗（exert）自己的壓力，這能協助岩體抵抗一些作用於其上的應力。「卡在岩體內的水會不斷回推，這會延伸出有效應力（effective stress）的概念，」凱里解釋道。「水含量愈高，作用於該岩體的有效應力愈低。」他向我保證，如果你進入地殼到夠深的地方，幾乎所有東西都吸滿水，而愈靠近地表，水也愈重要。從 1930 年代開始，就有無數研究把孔隙液壓上升與引發坍方連結在一起。如果再結合快速晃動，可能會發生災難性的影響。

2010 與 2011 年，紐西蘭的基督城（city of Christchurch）遭遇一連串地震，奪走多條人命，並永久改變了都市景觀。這些地震破壞力如此驚人，有部分原因是該城市就位於砂質土壤之上。天搖地動時，會導致土壤受到重力擠壓，砂粒之間的間隙縮小。如果是乾沙，這會增加材料的密度。但是在這裡，孔隙中的水卻抵制了該變化，壓力開始迅速攀升。最後，就像蒸汽從沸騰的茶壺中逸散一樣，加壓水也想要找到出路，並往上移動，連帶著沙和淤泥一起。「最後你只剩下這種喪失所有強度的冒泡膠狀物，」喬恩說。「只要晃動持續不斷，原本完全是固態的地面也會表現得像液體。」液化的過程很嚇人——會讓人回想起深陷在流沙中的童年夢魘。在基督城地震之後的即時照片中可看到許多下陷的建築物，以及眾多陷於馬路中（而非馬路上）的汽車。液化的長期後果是整個郊區都永遠被綠地取代；土地被宣告太

圖17：這輛車掉入紐西蘭基督城地震造成的陷孔。周圍深灰色的液化泥使其深陷其中。車上乘客皆成功逃出。

容易發生危險而無法作為建地[74]。

不過主要在實驗室做研究的地質學家設計實驗時，有效應力只是考量的眾多因素之一。「每個實驗都有各自的優缺點，」凱里在我們下樓前往地質力學實驗室時這樣告訴我，「沒有任何機器可以測量所有數值。但是每台機器都讓我們有方法探索基本的過程。模型化有助於把那些知識與現場觀察結果相連結，當我們把所有元素全部串連在一起，我們就能對地底下的狀況有相當透徹的瞭解。」

我跟著他穿越藍色大門，面對一間看起來比較像工作坊而非科學實驗室的空間。「這是樣本準備室，」喬恩邊說邊指著各式各樣的岩芯樣本箱，和裝滿已經鑽好圓柱孔之岩體的棚架。那空間乾淨又整潔，但顯

74 如果想看基督城液化區的互動式地圖，在任何瀏覽器搜尋「坎特伯雷區土壤液化潛勢圖」（Canterbury Maps Liquefaction Susceptibility）即可。

然經常使用。協助搬運和切割大型樣本的輔具都各司其位，貼上很多標籤，清楚標示危險性。空氣中瀰漫著黴味，但卻異常讓人安心。是岩塵的味道；我立刻就喜歡上這個味道。「我們製作的每個樣本的大小與形狀，取決於我們打算進行的試驗。不過總是會有需要妥協之處，」他嘆氣道。「較小的樣本比較容易製備，但是可從中得知的現場自然變異性就比較少。如果我們改用較大的樣本，我們就必須接受也許無法測量真正想測的對象。」他們的其他主要挑戰是無法親自經手樣本，因為凱里的實驗室會把樣本摧毀，而不是小心存放供後代使用。「官方用詞是『測試至失效』。」他笑著說。身為總是如珍寶般對待檢測樣本的人，我可以理解為何其他地質學家不那麼樂於分享。

我們走上一個小斜坡，進入實驗室，迎面而來是發出低鳴的各式馬達、空氣過濾系統，以及水幫浦。看上去來自地質科學的各年代的各式儀器環繞在我們身邊，還有許多電腦螢幕。實驗室技師芭芭拉‧凌賽爾（Barbara Lyndsell）正忙著處理套件中一個最大的部分——支撐兩支大鋼臂的一個高架，一支直接位於另一支鋼臂上方，兩者間有很大的間隔。凌賽爾從這個高架取下一個圓柱容器，裡面裝有被橡皮包覆的岩體。「這是我們的三軸應力試驗之一，」凱里指著負重架說。「樣本安放在底座上，橡膠管可以阻止水流經樣本，或從樣本逸散。」在這個案例中，樣本必須經歷「不排水試驗」（undrained test）。把樣本塞進管子，然後裝在壓力受控的水槽內，凱里與凌賽爾得以重現地面上岩體會遭受的一些應力。且因為可以精準控制輸入的力量，這樣的配置可直接測量樣本孔隙液壓在施加不同負重時的變化。

結果顯示，控制水的容積及／或壓力的能力，對每一位專業的地球力學家而言都是重要的工具，凱里也不例外。「我們在判讀岩體或土壤樣本的行為時，總是需要考量許多變項。這個方法可以幫助我們縮小範

疇，我們就能測量真正感興趣的項目。」走過實驗室時，他繼續說，「針對土壤機制，尤其如果你參與土木工程的話，你最常想到的會是有效應力與生成過多的孔隙液體。針對斷層，則是都跟摩擦力和剪力有關。我們可以測量負重架的剪力，但是還有另一選擇。」

在我們眼前的是一個矩形的真空室，比鞋盒大一點，打開放置於強化的鋁工作檯上。我往裡面看了一眼，看到一個厚重的鋼塊，上面有個方形孔。「這就是要放岩石樣本的地方嗎？」我問他。

凱里點點頭。「可是你看得出來這是上下堆疊的兩個方塊組成的嗎？蓋子往下蓋住真空室時，會把一些螺栓鎖入樣本支架。之後它們會把上方的方塊稍微升高。」在樣本支架維持小間隙很重要——可以在岩體形成一個天然的弱平面（weak plane）。在實驗中，只有樣本下半部會受到剪力致動器推動。上半樣本會保持靜止。剪力達到關鍵閾值後，岩體就會損壞，或沿著弱平面斷開，形成一個剪力面，成了斷層。這不僅可以讓我們知道樣本的強度，如果繼續推動的話，還能看出斷層上的摩擦力。「我們用這個配置可以推得很遠，代表我們可以測量位移牽涉到多少摩擦力。」[75] 簡而言之，凱里可以研究斷層的行為——是隨意滑動，還是立刻停止，或者是比較像黏滑的運動？

這個剪力箱可以辦到的另一件事是晃動，他說這會大大加分。「材料動態與靜態特性的差異可能很大。所以有這項工具可以讓我們更接近大自然的實際狀況。」要把樣本處理到可以進行測試相當曠日費時。首先要在真空室內灌入二氧化碳，排出空氣。接著慢慢經樣本注入去除空氣的水，並填滿整個真空室。該系統完全充滿水之後，在樣本上附加穩

---

75 喬恩「推得很遠」的意思是指 12～14 公釐（0.47～0.55 吋），但是從地質力學的角度來看，那已經綽綽有餘。

定的負重以鞏固，仿造岩體的自然環境。依樣本及嘗試再現的深度而異，光是這個鞏固步驟就可能耗上好幾天時間。為了幾秒鐘內就結束的地震事件做這麼多準備可能看起來有點瘋狂，但一切都很值得。一旦確保他們的實驗可準確反映出真實的地面狀況，科學家便可信任他們的測量結果，並知道他們的數據品質良好。每一項這類試驗——以及在全世界類似實驗室執行的實驗——都讓我們更加瞭解形塑我們腳下土地的力量，解開背後複雜的謎團。

## 震源

我剛開始撰寫這章時，有些事始終縈繞心頭。由於板塊邊界上的所有岩體都會因應力而不斷移動和應變，我發現自己很想知道為什麼我們還有沒地震的空檔，真正讓地震停下來的原因又是什麼。「黏滑」！我聽見你在大喊了。我知道我知道，但那說明了「如何」讓地震停下來，卻沒有真正解釋「為什麼」會發生。斷層是怎麼決定它要安靜地蠕變，還是來一場大地震？

「當我們感覺到地震時，其實是三件事的組合：震源發生了什麼事、地震波從震源向外傳播時發生什麼事，以及地表附近有什麼變化。針對你的問題，我們只需要關注發生滑移的地方——也就是震源本身。」我們坐在威靈頓的維多利亞大學（Victoria University）人來人往的中庭時，卡羅琳·博爾頓（Carolyn Boulton）博士說。我心想真是來對地方了。博爾頓是阿爾卑斯斷層地震的專家，在測量斷層岩體的摩擦力特性方面有十年以上的經驗。

她開始解釋斷層很少是由裸岩表面組成。反而布滿**斷層泥**（**gouge**），這是一種統稱，指的是黏土一般的細粒岩石碎屑，由斷層研磨所產生。因此斷層泥的特性對於理解斷層本身的摩擦力性質就很重要。在我們談話時，博爾頓和一群同事才剛在《結構地質學期刊》（Journal of Structural Geology）上發表一篇論文，主要主題是皂石（saponite），一種可在阿爾卑斯斷層南段找到的斷層泥。已知沿此斷層發生的地震有一半以上會在其中央和南段之間的邊界突然終止。所以博爾頓開始探索皂石斷層泥對這個奇怪的地震停止行為扮演什麼角色。

為了理解此研究的結果，我們需要稍微繞路，談一下可變速率／狀態摩擦（rate-and state-variable friction），博爾頓稱之為「我們試圖釐清岩體摩擦特性的架構」。那聽起來好像很神祕，但事實上是一組公式，可以協助地質學家判讀岩石行為的實驗室觀察結果，目前有多種版本正在使用。不過，它有幾個關鍵的重點：

1. 兩個表面之間的**靜**摩擦係數，取決於它們彼此接觸的時間長短。所以，斷層被「黏住」的時間愈長，表面之間的摩擦力愈高。
2. **動**摩擦係數取決於滑動速度，雖然其他因素也會有影響，如溫度。
3. 如果一個斷層的滑動速度突然改變，其摩擦力也會改變，經過一定的滑動距離，依表面的粗糙度而異。

這個依速度而異的摩擦力，通常會用「摩擦速率參數」的公式（a－b）歸納，可用實驗測定。其數值可以看出含有該岩體的斷層會以穩定或不穩定的方式滑動。這就是博爾頓想在她的南阿爾卑斯斷層皂石樣本測量的數值，而她在加州的美國地質調查實驗室，透過專門的三軸剪力系

統，也確實辦到了。

「無論我們對皂石施加什麼樣的正向應力（normal stress），它的摩擦力都很弱，」她說。「但是當我們施加一個大的速度步驟，如遠方地震衝擊到斷層產生的波動，我們發現會有速率強化（rate-strengthening）效果。（a－b）的數值在任何溫度、壓力和滑動速度之下都是正值（大於 0）。」換句話說，當她突然踢樣本一下，它們會變得更強健。「意思是這塊岩石不可能作為一場地震的核心（引發地震）──滑移永遠處於摩擦力穩定的狀態。」如果特定的岩體類型無法發生地震，代表發生在其他地方的地震也無法經由這塊岩體傳播。其強化行為就像負應力下降，拒絕破裂及其所需要的能量，而且是從路徑上就確實阻止地震發生。相反的，博爾頓先前曾在中央阿爾卑斯斷層發現，支承綠泥石（chlorite）的斷層泥在溫度增加時會從速率強化變成速率弱化（rate-weakening）。「高溫時，這些材料會出現大幅的應力下降，」她解釋道。「它們非常不穩定，也就是說可能成為地震的核心。」

地震時的斷層行為也牽涉其他相關因素，包括斷層走向、地震矩規模及孔隙液壓，但是當我們請博爾頓簡短做個總結，她笑著說，「基本上，我們現在把斷層分為真的不穩定和真的穩定的物質組成的區域。斷層的行為取決於這些物質的相對分布。」斷層很凌亂──比較像是織功不佳的拼布被單，而非平整的純棉床單。這使得它難以用幾個公式就準確描述特性。速率與狀態變數摩擦是很好的公式，但是在 21 世紀之初發現的一個現象顯示，它們需要更新……，我們的地球在它地震的袖子裡依然還藏著幾個秘密。

# 慢地震

　　將近 20 年時間，地球物理學家勞拉‧華萊士博士一直對希庫蘭吉隱沒帶深深著迷。華萊士生於美國，但是她大半生涯都在研究定義紐西蘭最大也最活躍斷層的複雜板塊邊界過程，而她的成就從本質上改變了我們對地震的認知。所以，當我身處她的 GNS 辦公室，坐在她身旁時，我絞盡腦汁想要想出一個好問題，但同時又努力不要露出迷妹的樣子。

　　「好喔，所以我現在看的這個是什麼？」我終於尷尬地問出口，一邊盯著她的電腦螢幕。上面顯示著紐西蘭北島的地圖，上方覆蓋兩個大團塊（一藍一紅），中間有一條西南朝東北的顫動線切開。

　　「它基本上顯示出板塊運動並不一致。」華萊士這樣告訴我。「這個藍色的區塊是穩定潛移，但是紅色區塊是板塊目前固定在一起的地方。」看起來希庫蘭吉隱沒帶符合我所說「斷層很凌亂」的原則，並不例外。該區域凸顯出兩個板塊的聚合：在那裡，太平洋板塊以每年 32 公釐（1.3 吋）的速率，傾沒至澳洲板塊之下。最淺處標示出兩個板塊之間真正界面的溝槽，只低於海平面 3 公里（1.9 哩）。發生在北島東岸遠洋，但是再往西移動，這個界面就下沉了。「所以在威靈頓這裡，大概是在我們腳底下 25 公里（15 哩）的位置，」華萊士解釋道。「板塊下潛，往西深入。」在隱沒帶最深的部分，岩體又熱又濕軟，讓板塊可以變形，且較輕易相互滑動。但是在比較淺的地方，岩體比較脆，所以能抵抗這種運動。摩擦力便接手主導，導致板塊暫時卡在一起，然後應力開始累積。「像這樣的斷層可能卡在一起，然後花幾百或甚至幾千年的時間累積應力。」華萊士說。「到最後，那股應力會克服斷層的強度。如果快速滑移，結果就是發生地震。」

紐西蘭板塊邊界「卡住」的部分相當大，寬 70 公里（43 哩），長 140 公里（86 哩），且位於該國人口密集地區底下，包括首都，因此顯然有必要監測其行為。這就是地質監測機構 GeoNet 開始介入的地方。一開始是在 1989 年 1 月架設兩架低階地震儀，後來變成遍及全國的廣大地球物理學儀器網路：從海平面的探測錶到氣壓感測器，應有盡有。全球定位系統（GPS）接收器對於瞭解地面變形特別重要，因為它們讓地質學家得以在地表精確定位並且準確追蹤位置[76]。就是這些單位率先確認了卡住的板塊邊界。它們還做了其他事，華萊士笑著說，「連續監測的附加價值，在於有時候你會發現意想不到的事。」

回到 1999 年，一位加拿大地球物理學家赫伯·德雷格特（Herb Dragert）注意到他在溫哥華島上監測的一連串 GPS 站有些不對勁之處，那裡是卡斯凱迪亞隱沒帶（Cascadia subduction zone）的起源。他寫下「有 7 個點都一起短暫地反轉它們的運動方向」，有些方向往板塊平常方向的後方，移動了多達 4 公釐（0.16 吋）。基本上，這樣長度的滑移會伴隨出現相當大的地震，但是這次事件似乎完全沒有任何地震訊號。還有一件事也很重要，這段 4 公釐的滑移花了 15 天，而非幾秒鐘之內就結束。同年稍晚，專門研究日本西南部豐後水道（Bungo Channel）不同邊界的一群研究者也有類似的發現。稱為**慢滑移事件**（**slow-slip events, SSEs**）的現象，是地質學中的異數，這種活動介於板塊運動穩定緩慢蠕變與地震快速滑移之間。它們**的確**會釋放能量——通常跟大型地震一樣多——但是速度很緩慢，而且非常良性，以致於幾乎無法偵測到。而在科學界，

76　嚴格說來，GPS 是美國全球導航衛星系統（Global Navigation Satellite System）的簡稱，那是第一個營運的系統。但是就跟「胡佛」（hoover）成為所有吸塵器的代名詞一樣，GPS 現在也用來指稱所有衛星導航系統。

只要出現與現有模型不符的現象，就會有一群研究人員趨之若鶩地想要研究。

「那眞是非常振奮人心的時刻，」華萊士坐回椅子後說。「我在 2002 年 5 月抵達，專程協助設計新的 GPS 連續網路站供 GeoNet 使用。這些來自卡斯凱迪亞和日本的結果，讓我們迫切想要在現場架設我們自己的單位。」事實上，勞拉迫切到自願把她在紐西蘭的第一個週末都耗在東岸大城吉斯本政區（Gisborne），在當地架設一個 GPS 站。一切都很值得。「2002 年 10 月，我在吉斯本政區發現這個奇怪的向東位移，兩週的時間移動了幾公分。我心想，『天啊，我們也偵測到慢滑移了！』就表面位移而言，我們偵測到的事件遠比之前通報的還要大很多。」

從那時候開始，地質學家就更加瞭解慢滑移事件，這種事件常被稱爲無聲地震（silent earthquake）。首先，它們大部分發生於地球上的大隱沒帶，甚至有幾個是轉形斷層，像是加州的聖安德魯斯斷層（San Andreas Fault）。第二，根據華萊士的看法，它們似乎位於薄邊（feather edge），「跨足於速率強化和速率弱化行爲的轉換之間。」第三，慢滑移事件並非眞正無聲。想像你在聽一段錄音，是有人坐在吵雜的房間內安靜地對著麥克風說話；無論他們想說什麼可能很有意思的內容，都被背景刺耳嘈雜的聲音掩蓋了。現在，想像不只一支麥克風，而是十支麥克風，全都朝著這個人的聲音。如果你一次播放出所有錄音，你可能會在聲音訊號中找到共同區域——也許不是具體的字彙，但是可以大概明白那個人在說什麼。那就是科學家在「無聲滑移的顫震」所發現的基礎，正式名稱爲**間歇性長微震（episodic tremor）**或**非火山自發型長微震（non-volcanic tremor）**。一個地震儀不足以確認發生什麼超乎尋常的狀況，但是比對多個地震儀偵測到的紀錄，就有可能看出模式；找出噪音中的訊號。在一篇現在很有名

的論文中，德雷格特和他的研究夥伴蓋瑞‧羅傑斯（Garry Rogers）直接以卡斯凱迪亞隱沒帶好幾年來蒐集的 GPS 位移數據，比對地震儀記錄到的微震活動。兩者之間有明顯的關聯，顯示雖然這些慢滑移事件並沒有伴隨發生「傳統的」震波，但是的確產生了「獨特的非地震震波特徵」。

渥太華大學（University of ottawa）的傑瑞米‧戈瑟林（Jeremy Gosselin）告訴我，在卡斯凱迪亞邊界，慢滑移事件會像「發條裝置一樣，每 14.5 個月就發生一次」，但是在希庫蘭吉隱沒帶則無法如此肯定。華萊士和她的研究夥伴偵測到的幾十次事件，已證實是不同的事件。在隱沒帶北段，慢滑移事件往往「淺（大於 15 公里，9 哩）、時間短（超過 1 個月）和頻繁（每 1 ～ 2 年）」，而南段則是發生在更深的地方、持續一年，且比較不常見。在紐西蘭的慢滑移事件中，要找出微震的決定性證據也被證實是個挑戰。雖然有些事件看起來的確是這樣，但是其他事件的慢滑移事件會伴隨發生比較典型的震波訊號。這可能只是反映出希庫蘭吉邊緣的複雜構造，但也沒什麼幫助，畢竟大部分海溝都深埋在海底下好幾公里。你要怎麼在無止盡的海洋中找出細微的吵雜訊號？

「哈比人（Hobbits）？」我疑惑地問，想著自己一定是聽錯華萊士的話，「我知道我們是在紐西蘭，但是……你是認真的嗎？」[77]

她大笑著說，「這個是 HoBITSS，是希庫蘭吉海底微震與慢滑移調查（Hikurangi ocean Bottom Investigation of Tremor and Slow Slip）的縮寫。」HoBITSS 實驗是她在 2014 年所帶領，在吉斯本外海的海床配置了 39 架儀器。這些儀器中有 24 支是超級敏感的海床壓力計，會持續測量上方水柱施加的絕對壓力。華萊士解釋了背後的基本概念：「如果發生慢滑移事件，導致海床上升──即使只有幾公分──代表感測器上方的水會變少，儀器

---

77　按：紐西蘭為電影《魔戒》拍攝地點，作品中有哈比人這種矮人族。

就會記錄到壓力下降。如果海床下降，你就會測量到壓力上升。」配置之後才經過短短幾個月，那一排壓力計就偵測到希庫蘭吉海溝附近的一個大型慢滑移事件，該事件使得 HoBITSS 第一次對全世界成功展現這項科技。「我們的 GPS 網絡很厲害，但只能讓我們得知陸地上的狀況，」華萊士說。「再加上這些壓力感測器，我們更能清楚指出慢滑移事件的發生時間。能更靠近事發地點，代表我們更能瞭解震波景觀的全貌。」

　　地質學家依然努力想要解釋事情之一是這些無聲地震的起因。岩體類型以及摩擦特性是選項之一。另一個是孔隙液體。「有幾年的時間，很盛行的概念是慢滑移事件會發生在液壓非常高的區域，」GNS 的艾蜜莉・華倫—史密斯（Emily Warren-Smith）博士說。「那會降低正常應力，可能使其更容易滑移。」但她說，那無法解釋所有現象，「它們是間歇性的事件，代表一定有什麼東西改變了才導致它們發生。」華倫—史密斯開始在 HoBITSS 海底的地震儀所蒐集到的數據中尋找線索。「我們發現慢滑移事件發生前後，斷層型式改變了；應力區也變了。」她繼續說，「這些觀測結果加在一起，顯示液壓增加是這個過程的驅動力。」華倫—史密斯和她的研究夥伴現在認為，隱沒板塊釋放的液體會逐漸累積在其表面，並具有潤滑的功效。對他們而言，就是這個滑的性質引發了慢滑移事件，這種事件可持續幾週、幾個月甚至幾年的時間。滑移過程中產生的變形和龜裂會洩出液體，降低壓力。最後，礦物質會填補那些裂縫，重新封閉系統，讓液壓又再次上升。這個循環就這樣持續不斷發生。

　　一份使用完全不同測量技術的卡斯凱迪亞隱沒帶研究也得到非常相似的結論。該論文的第一作者戈瑟林說，「在慢滑移事件中，我們會看到只有孔隙液壓的變動能合理解釋的震波速度變化。」所以，看起來很有希望。

　　我對勞拉・華萊士的訪談進入尾聲時，發現自己在思量慢滑移事件

更廣大的含意——它們有可能引發大規模地震嗎？華萊士回答，

> 我們知道在調節紐西蘭北島的太平洋與澳洲板塊之間的運動上，它
> 們是很重要的環節。縱使我們看過全世界上百，甚至上千個慢滑移
> 事件，但是其中只有幾個事件真的引發非常大的地震。不過依我所
> 見，理解慢滑移事件與地震之間的時空關係是我們能做的最重要事
> 情之一。因為只要我們可以理解這種相互影響的關係，也許有一天，
> 我們就能更全面地預測更大的地震。

## 震動

　　紐西蘭南島東北部的凱庫拉半島（Kaikōura peninsula），以身為海洋
生物的避風港而聞名。來自全世界的訪客都前來一睹盤據海岸的抹香鯨、
暗色海豚、虎鯨、海豹和信天翁的身影。但是在 2016 年 11 月 14 日，這
個地方卻因為不同的原因而登上新聞頭條。午夜剛過，一個規模 7.8 的淺
層地震襲擊威澳（Waiau）小鎮附近。短短 74 秒的時間，東北方就遭受
重擊，沿著海岸延伸 170 公里（105 哩）被「撕開」。部分地區的陸地水
平位移多達 12 公尺（40 呎），其他地方則發生大規模坍方，導致州際公
路和主要鐵路封閉。有兩人悲慘地喪命。
　　這次事件現在被視為陸地上有紀錄以來最複雜的地震之一。其所產
生的地面加速是所有紐西蘭地震中最強的，躍過間隔 15 ～ 20 公里（9 ～
12 哩）的斷層間隔。這挑戰了長久以來認為斷層之間只要間隔 5 公里（3

哩），就足以阻止地震的假設。這場地震也活化了跨越兩個不同地震構造系統的斷層，數量超過 24 個，但不知為何卻繞過了霍普斷層（Hope Fault），也就是「該區域最大的地震風險源」。在凱庫拉地震過後不久，地質學家紛紛趕赴現場蒐集數據——從採集土壤和岩石樣本、探查斷層間的海溝，到透過 GPS 追蹤位移、空中影像和光達系統〔（light Detection and Ranging, LIDAR），使用雷射測量距離的系統〕。從那時候起，有 750 篇針對 2016 年地震事件的論文發表，每一份論文都希望可以揭開一些神祕的面紗 [78]。

　　一位來自德國慕尼黑大學（Ludwig Maximilian University）的研究人員表示，霍普斷層未破裂，是因為「動態應力的分布不利」。由蔚藍海岸大學（Université Côte d'Azur）主導的另一項研究，嘗試把凱庫拉事件與北島「懷拉拉帕斷層（Wairarapa fault）的負重」連結在一起。華萊士博士和她的團隊直接跟隨地震的腳步，觀察好幾個持續幾週的慢滑移事件——全都位在北島。他們也認為在南島上半部下方的板塊邊界，在地震事件後三個月內滑移了約半公尺，「緩慢釋放能量……相當於規模 7.3 的地震。」

　　「整件事情都很令人意外，」另一位 GNS 地震地質學家羅伯·蘭格瑞奇（Rob Langridge）博士說。「但是即使是真的很不尋常的順序，帕帕提亞斷層（Papatea Fault）的破裂還是特別戲劇性。」蘭格瑞奇繪製紐西蘭活躍斷層圖已有 20 年，所以我看到他辦公室牆面掛滿大量圖表、照片和地圖時並不特別意外。他帶我走到其中一幅前面，那幅圖描繪出凱

---

78　2020 年 3 月 3 日，在 Google 學術搜尋（Google Scholar search），輸入「凱庫拉地震」（Kaikoura quake）後，排除引用與專利文件共得到 748 筆結果。有意思的是，當我搜尋「凱庫拉地震」（Kaikōura quake，輸入地名時還包含了長音符號——這才是正確的），只出現 243 筆結果。

庫拉北邊所有已知的斷層。帕帕提亞斷層立刻脫穎而出，因其走向與周圍斷層非常不一樣。其往南彎曲，而非朝向東北走向。「帕帕提亞斷層過去曾被繪製爲地質斷層（geological fault），但是在較新的地表並沒有找到足夠的證據證實有斷層產生，」蘭格瑞奇這樣說。簡而言之，這個斷層不被視爲活躍的斷層。但在事件期間，他說它產生了「所有破裂斷層中最大規模的垂直移動。該斷層和相關的三角塊都向上移動 8 ～ 10 公尺（26 ～ 33 呎），並往南移動 4 ～ 6 公尺（13 ～ 20 呎），取決於你的所在位置。」

看到移動幅度這麼大的斷層，認定一定有些顯著的應力堆積也很合理，對吧？「那是我們在 2018 年中的論文中推斷的結果，」蘭格瑞奇邊笑邊說。「我想我說了類似『需要 5000 到 10000 年的時間，累積出的應變力才足以讓斷層移動 8 至 10 公尺』這種話。不過呢，我們挖掘我們發現的斷層之後，其實過去 1000 年只移動了 4 次。眞是始料未及。」

加拿大維多利亞大學（University of Victoria）的研究人員聯繫了蘭格瑞奇，迫切想要研究斷層這樣不尋常的行爲。他們在他們研發的新演算法中，輸入該區域透過無線電光達系統調查的資料（在地震前和後進行），以繪出地表位移的 3D 圖像。結果讓大家大吃一驚，連蘭格瑞奇也不例外。他們推斷，帕帕提亞斷層有滑移，但沒有釋放震間應變能。相反的，他們寫著，這個地震「會發生是因爲快速回應附近彈性破壞造成的縮短」。所以，帕帕提亞斷層會破裂是因其受到周圍其他斷層移動的擠壓，而非爲了釋放累積的應力而破裂。它們的滑移「活化了」這個斷層，也觸發其滑移。

不管從什麼方面來看，這都是很奇特的行爲，悖離一些斷層機制的基礎假設。從實務的「安全生活在地震帶」的觀點來看，帕帕提亞斷層的破裂也有重要且廣泛的意涵。雖然不可能準確預測未來地震發生

的時間、地點和規模，但是地質學家能夠，也的確根據概率開發出短期和長期的風險預測。這些方法考量了以前的地震活動、地面狀況的模式與行為等因素，且廣為政府、保險公司和工程師使用以預先計畫。地震預報通常也是以「彈性應變力循環模型」為依據，這個模型認為斷層會逐漸累積應變力，直到突然破裂，釋放能量。但是帕帕提亞斷層卻沒有遵照這個模型。它缺乏關鍵的成分 —— 累積的地震應力 —— 但最終還是破裂了。而這個斷層並不是隨便滑移；其位移了好幾公尺，試想如果發生在人口密集的地區，可能會有災難性的結果。對那些研究人員而言，這樣的結果顯示「我們不能只仰賴應變力累積速率作為斷層破裂可能性的指標」。

\* \* \*

從地質學最早的年代開始，科學家已揭露諸多形塑和鑄造地球的過程。我們對相關知識很熟悉，可以看著其他星球上的結構說明它們是如何形成。但是我們腳下的這塊土地卻非常不穩定。從斷裂與不斷變化的摩擦力，到起伏的液壓，地震活動依然充滿意想不到之處，我們很可能從來不曾真正理解過。但這不代表我們不該嘗試。本章所提到的地質學家就是我見過最鍥而不捨和最投入的科學家。他們長時間投入，致力於從數十億位元的數據中找出蛛絲馬跡，檢測可取得的所有樣本，並犧牲週末假期安裝新的感測器。以上這些全都是為了盡力保全人民的安全。當我坐在我的書桌前，在一間其實蓋在沙地上的建築物內，離活躍的斷層非常近，那樣的想法讓我相當安心。儘管如此，我還是把我的地震逃難包都準備好了……。

第七章

# 破冰
## Break the Ice

冰為什麼會滑？這聽起來像五歲小孩會問的問題，但出乎意料地難以回答。

學校的教科書中通常把冰會滑歸因於壓融作用（pressure melting），雖然不盡正確。這個概念的意思是，當你在冰上施壓——譬如溜冰鞋的薄鋼刀片對正下方的冰施壓——你就會形成一層潤滑水層，冰會滑的原因就在此。在固體上施壓，會讓固體內的原子彼此貼得更緊，因此更緻密。因為水的密度比冰高，所以當冰受壓，有一部分的固體就會變成液態水[79]。生成的那層水層很薄，冰刀一滑過去就馬上再凍結了。沒有人懷疑過滑冰會牽涉到水——只要在滑冰場跌個狗吃屎，你就知道腳下的冰有多濕。而有鑑於只要在一條細金屬絲兩端各掛上一塊重物就能讓金屬絲穿過冰塊，壓力肯定也具有一定的作用。但是事情的原委遠不只是這樣。

研究一再顯示，就算是體重最重的滑冰選手穿著最鋒利的冰刀，也只會讓冰的融化溫度下降區區幾度。不過**也**許那樣就足以融化相對「溫暖」的冰；所以在冰點左右，也就是 0℃，可以解釋得通。但是各式各樣冬季運動的理想溫度遠低於 0℃。鮑伯・羅森堡（Bob Rosenberg）教授

---

79　我們直覺上很清楚冰的密度比水還低——所以湖面才會有一層冰漂浮在水面之上——但依然很不尋常。不過冰本來就是一種非常奇怪的固體。

在他較早期的成果報告中提到，花式滑冰的冰面溫度應爲 -3～-5.5℃，不過如果是冰上曲棍球，-9℃左右最理想。數十年來，多位北極探險者都指出，-30℃的冰面可以滑雪。壓融作用無法解釋這些寒冷溫度之下爲什麼會有液態水。退休的物理學教授漢斯・范・利文（Hans van Leeuwen）最近提到，認爲滑冰者在定點停留的短短幾毫秒中就可能讓冰面出現壓融，這樣的想法眞是「不可思議」。而爲壓融作用這個理論敲響最後喪鐘的是什麼呢？是該理論無法解釋爲何你就算穿著平底鞋也能在冰上滑行，畢竟這種鞋產生的壓力比溜冰鞋低上非常多。

所以一定還有別的原因。

「摩擦！」我聽到你大喊。「摩擦會生熱，就能融冰！」這個嘛，先讓我們看一下這個理論。1939 年，有兩位研究人員在瑞士一個高海拔研究站永夫勞山口（Jungfraujoch，又名少女峰山坳）附近蓋了一個冰穴。在該處，他們在液態空氣和固態二氧化碳的幫助下，探查了 0℃ 以下（低至 -140℃）發生冰融的可能原因。不過他們關注的是不同材料製成的滑雪板而非冰刀。他們的想法是，如果壓力是主要的罪魁禍首，那麼無論滑雪板是什麼材質，都會出現一樣的融化結果。假如要歸咎於摩擦，則光滑的銅製滑雪板與木製滑雪板底下將會出現不同的融化情形。

事實上，他們發現兩種都各有一些。他們發現，在極低溫時完全是由摩擦熔融（frictional melting）主導，這也（部分）解釋了爲何溫度遠低於 0℃ 時還是可以滑冰或滑雪。但是愈接近冰的熔點，摩擦會逐漸減少，壓融作用就開始發揮極有限的作用。此後有多項研究已證實也正式確認這些發現，不過大部分依然無法回答一個重要的問題：爲什麼就算你站著不動，冰還是會滑？如果你跟我一樣粗手粗腳，應該很清楚腳踏上冰面的那一秒就有可能滑倒——而這麼短的時間還不足以產生冰融化成水所需的摩擦或集中壓力。

如果作用於冰面的外力無法解釋冰的滑溜性，那也許跟冰本來就有的某些特質有關。這當然是傳奇實驗科學家麥可‧法拉第（Michael Faraday）的看法。1850 年，他用好幾對冰塊進行一連串實驗，結果顯示當兩塊冰塊相接觸時會凍結在一起；他將這個過程稱為再凝（regelation）。法拉第認為，每塊冰塊表面都有一層天然的液態水薄膜，這層薄膜對於協助兩塊冰塊融合成一塊很重要。可惜法拉第的同儕對此沒有太大反應，後來他又針對再凝發表進一步研究成果，推論出一樣的結論。但這次還是一樣，他提出的研究結果完全不受重視，有可能是因為當時依然對原子和分子的存在存疑。

差不多過了一百年，才有另一位科學家再次探究固有液體膜的概念，但這一次，這個概念抓住眼光了。劍橋工程學教授查爾斯‧葛尼（Charles Gurney）認為，冰表面的分子比深處的分子還不穩定，因為它們沒那麼多其他水分子可以結合。他說，所以這些不穩定分子的運動，便促使冰形成一層液態水。葛尼的論文確實打開了閘門，隨著新式實驗工具和技術的發展，我們已經更加瞭解現在稱為表面熔解（surface melting）或預熔（premelting）的現象：在溫度遠低於正式熔點的固體表面會生成「液體」層。例如，我們現在知道這些液體層不只出現在冰面——其他固體也有（我承認這項發現讓我有點不舒服，浮現「嗯，所以所有東西都有點濕」的感覺）。我們也知道，這些液體層的厚度（估算約為 1～100 奈米）取決於冰的溫度和有無雜質（如鹽）。此外，2016 年，日本科學家成功利用光學顯微鏡在實驗室中看到這些超薄液體層，不過我們還無法成功在「滑冰場上」看到它們。

一個由阿姆斯特丹大學（University of Amsterdam）與德國馬克斯普朗克研究院（Max Planck Institute）人員組成的研究團隊，已經來到拆解冰會滑的複雜物理的最接近之處。2018 年，這個由丹尼爾‧波恩與米

沙·波恩（Daniel and Mischa Bonn）教授帶領的團隊，特別關注滑動摩擦（sliding friction）——也稱為動摩擦——當兩個表面相互滑動時適用，例如冰刀滑過滑冰場[80]。但是他們最感興趣的地方在於分子層面發生了什麼事。他們能否查出個別水分子對冰面動了什麼手腳？要回答這個問題，第一步要先設計一系列的實驗，好讓他們能夠以可控方式滑動壓頭（indenter）——鋼製的小球，第二種則是玻璃製的小球，小球的大小如胡椒粒——滑過不同的冰面[81]；他們的實驗設置可以調整滑動速度和作用力，更重要的是，還可調整冰本身的溫度。

當溫度達到 -100℃ 這麼寒冷的溫度時，他們發現一些非常奇怪的現象。冰的溫度夠低時，竟然完全不會滑；事實上，冰面變成摩擦力非常高的表面。在鋼球底下，冰就跟粗糙不平的玻璃一樣。但是當冰的溫度上升，摩擦卻穩定下降，在 -7℃ 時達到最低。當他們將溫度調升超過這個門檻，達到溫暖的零度，就會看到摩擦陡升。使用玻璃球時也發現相同的變化趨勢。這個現象顯示，無論什麼材料，都要達到理想溫度才能在冰上滑動，也就是 -7℃ 左右；只要不是這個溫度，滑冰者和滑雪者都得要應付較高的摩擦。冰在不同溫度會有不同的表現，這件事也許沒那麼令人意外——只要想想冰在冰箱的巧克力和放在室溫的巧克力咬起來的口感差異就知道了。但是改變的幅度很顯著。鋼在冰上的摩擦係數在 -100℃ 時比 -10℃ 還高 50 倍。此外還有這個神祕的轉變點。為什麼介於最低溫和 -7℃ 之間時摩擦會下降，但是高於這個溫度時卻會再次回升

---

80  米沙與丹尼爾·波恩是兄弟。我們在序有提過丹尼爾，他就是我在文中所說，帶頭研究乾燥、微溼和濕透的沙堆之滑動摩擦的那位教授。

81  為了搞清楚這個類比，我測量了 20 顆不同乾燥胡椒粒的直徑，平均為 4.95 公釐（0.2 吋），壓頭的直徑為 4.8 公釐（0.19 吋）；我認為已經夠接近了。

呢？

　　其實有一些線索可尋：研究人員發現，壓頭劃過溫度介於 -7 ～ 0℃ 的冰時，壓頭開始「犁田」進入冰中，冰明顯變形了。溫度低於 -7℃時，壓頭不會在表面造成任何可見的影響。所以無論冰怎麼了，都與冰面上分子之間的鍵結強度有關。波恩兄弟進入研究的下個階段，用他們的數據和個別分子的電腦模擬，建構一個表面的計算模型。該模型顯示，每一層冰層表面，都有兩種不同的水分子。

　　地球上的冰往往呈現極度規律的晶狀結構[82]，這代表每個水分子周圍都有四個相鄰分子，並與之產生化學鍵結。不過，冰表面的水分子往往只跟三個相鄰分子鍵結，但依然足以使其固定在適當位置。但是米沙和丹尼爾卻發現，在這些三鍵連結的分子之中，有一些只與另外兩個分子鍵結。那樣的差異（三鍵與雙鍵）產生了巨大影響。波恩兄弟發現，雙鍵分子的活動力很強，可以在冰的表面四處滾動，就像微型的滾珠軸承。

　　「它們驚人的活動力真的讓我們很意外，」丹尼爾・波恩從阿姆斯特丹打電話來時跟我說。其他意外的發現還有活動與靜止分子的比例會隨溫度改變，完美對應他們在實驗中測量到的摩擦變化[83]。水分子的活動力愈強，摩擦力就愈小。在 -100℃，幾乎所有表面分子都與冰的其餘部位緊密結合，形成一個堅硬、高摩擦的表面，即使劃過表面也不太有影響，而這樣的冰面不可能滑行。可是溫度上升會增加表面分子的能量，

---

82　儘管截至目前為止，晶狀冰是地球上最普遍的冰的形態，但是在我們太陽系內外，非晶質冰還是佔絕大多數。這種冰是在相當低的溫度下形成，可見於彗星和極冷的衛星，還有其他地方都有。

83　這是個相對用語——原子不可能真正靜止。只要是高於絕對零度以上的溫度，原子都會不斷抖動。溫度上升，抖動的程度也隨之上升；最後，它們移動得很快，可以完全擺脫鍵結，把固體變成液體，或液體變成氣體。

其中有些分子因此得以鬆開鍵結，逐漸降低測得的摩擦力。當冰的溫度達到 -7℃時，表面的大部分分子都可以活動，表面就會變滑，而大部分的冰依然保有其堅硬的特性。

要記得，以上都是發生在溫度低於冰點時，這就是為什麼丹尼爾在言談之間如此堅持可活動分子不應該稱為「水」。他甚至說他們的研究「終於讓米沙（他的兄弟，也是共同作者和化學家）看到，冰的表面沒有水層。」我想嚴格說起來他是對的──只要低於 0℃以下的任何溫度，水真的應該稱為「冰」，因其為固體。但是弱鍵結的分子在表面隨意滾動的畫面，肯定會讓我把它想成液體。

「所以，我們應該如何稱呼這層活動力高的冰分子？」我問他。

「好的，也許我會稱之為『準液體』（quasi-liquid），」他笑著回答。這些分子的高活動力對滑冰者還有另一個有利的副作用。在 -7℃這個溫度的甜蜜點，冰一旦有任何表面刮痕或損傷，準液體都會不斷填補，使表面幾乎立刻就變光滑。因此產生完美的低摩擦表面，可以愉悅地滑行[84]。

高於這個溫度後，冰的表現就是由其硬度決定，而非滾動的表面分子。在 -7 ～ 0℃度之間，大部分的冰會逐漸軟化，滑動物體開始會陷入冰中，而非在表面滑行。也就是從原本可以自變形恢復的材料變成無法恢復的材料，這樣的轉變就是波恩和其他人觀測到「溫」冰會增加摩擦力的原因。

所以，冰之所以會滑，似乎多虧了好幾個效應聯手。其一是表面有

---

84 很有可能正是這種分子活動力，造就了我們在掛重物的金屬絲可穿過冰塊的實驗中看到的冰癒合能力；德雷克（Derek）在他的 Veritasium 頻道有一段很棒的影片就是在談再凝；搜尋「切冰實驗」（Ice Cutting Experiment）一探究竟吧。

類似液體的分子，即使溫度低於冰點，這一層的表現也與大部分冰不一樣。這也與這些表面分子活動力高低有關，因爲冰的溫度上升到某一點（或至少到 -7℃），冰愈溫暖，摩擦特性愈低。最後，當我們接近其熔點，冰的硬度下降會對滑冰的難易度產生重要影響。

大多數人可能終其一生都不用領教冰複雜的滑溜性造成的後果。但是每 4 年，冰面就會登上全世界的新聞頭條。冬季奧運提醒了我們，並非所有的冰皆生來平等。

## 滑冰

2018 年在南韓平昌舉行的冬季奧運共有 92 支隊伍參賽。美國代表隊陣容最龐大，接著是加拿大、俄羅斯與瑞士。該屆奧運賽事中，規模第 22 大的隊伍並沒有舉任何旗幟，因爲他們不是運動員。他們是「製冰師」（ice meister）。他們肩負艱難的任務，得確保在多個場館舉行的八種不同運動項目的冰面，在 16 天賽事期間，表現完全如預期。製冰師是中場休息時駕駛大型機器上滑冰場的人（他們幾乎都是男性），緩慢又井然有序地把冰面磨平[85]。除了該項重要保養，他們還要耗費好幾個月的時間在每一個滑冰場和賽道鋪上完全正確的冰種，因爲每項運動都有各自的需求。

一切都從水開始，水質必須要盡可能接近純水。依你的所在地而異，冷凍庫裡的冰塊可能含有空氣中的微量氮氣、氟、鹽和大量其他溶解礦

---

[85] 2018 年冬季奧運有一位女性駕駛：來自科羅拉多的芭芭拉・伯格納（Barbara Bogner）。

物質。雖然這些雜質對我們冰心沁涼的冷飲沒什麼影響，卻是製冰師的惡夢，因為這些物質會巧妙地改變水的分子結構，因此也會改變冰的特性[86]。為了避免這個問題，他們只使用徹底過濾的水，品質遠高於可飲用標準，這種水完全沒有雜質，且含有的空氣非常稀少。再來就是滑冰場或溜冰館的設計通常非常簡易（一塊混凝土板底下埋著管道網）。這些管道流動冰涼、含鹽的溶液時，混凝土便可冷卻至 -9℃，鋪在其上的所有冰面都能保持凍結。

競速滑冰者——常在長 400 公尺（437 碼）的橢圓形賽道上達到超過時速 50 公里（31 哩）的速度——需要在賽道的筆直段盡可能快速滑動。他們也希望從起跑線就可以火力全開出發，並在過彎時安全地加速，所以他們得不斷拿捏滑行與抓地力的比例。滑冰者可以透過冰刀的設計，盡量減少與冰面的接觸——他們拋光的鋼刀厚度只有 1 公釐（0.04 吋）。透過肌力訓練和高超的技術，他們可以增加自己的爆發力輸出；但是真正決定最快速度的是冰面的組成，這也是長道速滑（long-track speed skating）需要使用奧運運動項目中最冷、最硬冰面的原因。

要打造一座競速滑冰場，製冰師得在賽道上方噴上薄如紙張的超純水層，每一層都完全凍結之後才噴下一層。通常會在噴了四、五層冰之後才塗上賽道標示線和起跑／終點線；接著在那些標線上噴更多冰。冰的厚度達到 2.5 公分（1 吋）之後，冰面養護車（resurfacing machine）會用鋒利的刀片劃過冰面，磨平表面，之後再鋪上一層會快速凍結的熱水

---

86　水中的雜質會讓水喝起來有味道；超純水則沒有味道。

膜 [87]。讓競速滑冰場結冰需要兩週的時間，但是可以得到結實、光滑的表面，至於溫度的話嘛……猜猜看幾度？沒錯，-7℃，就是波恩兄弟認定的理想溫度。

你可能會想，爲什麼這些研究人員需要證明製冰師早就了然於心的事實。其實是因爲我們就算內心知道或觀察到一些事實，也不代表眞正理解其緣由；我們在本書中探究的諸多表面問題都是如此。我們並非對那些表面一無所知──就像競速滑冰或路上的柏油，我們已經操控和設計爲我們所用的表面好幾十年了。但是說來常令人意外，通常是因爲「既然有效，還有什麼好擔心」的這種態度，我們一直沒有採取最後的那一步：理解表面複雜的物理學與化學原理，以及爲什麼它們會有那些行爲。雖然純然實用的知識可以讓我們有長足的進展，但也有其極限，尤其是當我們只略懂皮毛時。不管面對什麼事，更深入理解箇中原理才是提升表現的關鍵。

說是這麼說，製冰師的技術和專業無可比擬，而且他們選擇材料時似乎總是憑直覺。2018 年，雷米‧波勒（Remy Boehler）在美國全國公共廣播電台（NPR）上說，他是用耳朵確認他們有沒有製造出「好的冰」：「我一到現場（滑冰場）會先脫下帽子，才能眞的聽到冰刀的聲音，看它們是流暢地滑行還是絆到裂縫。」許多滑冰者說，他們一踩上滑冰場，馬上就能判定自己腳下的冰面可以滑得快還是慢。長道速滑選手在 2018 年的奧運賽事中創下 8 項奧運紀錄，顯然在江陵競速滑冰館的製冰師做

---

87　說個題外話：有個名詞叫做姆潘巴效應（Mpemba effect），認爲熱水凍結的速度比冷水還快。至今依然沒有確切證據可證實這個效應是眞的，但是人們並未因此就斷言它不是眞的。劍橋物理學家 2016 年發表的一篇論文推斷，「很可惜，並沒有證據支持對姆潘巴效應有意義的觀測結果。」

對了一些事。

　　冰界位階的下一階是冰上曲棍球，通常都在 -5 ～ -7.5℃之間的冰面上舉行。這種冰面要花四至五天的時間慢慢鋪設。厚度與競速滑冰所用的冰相似，但是稍微軟一點，選手得以靈活地轉彎和突然地切換速度，這些都是該運動的特色。再來是短道競速滑冰和花式滑冰，儘管各有不同的需求，但為了節省空間，這兩項運動會通常共用同一個滑冰場。如你所料，短道滑冰選手需要比較冷、速度快的冰，但是因為他們在彎道之間行經的距離較短，所以需要的抓地力比長道競速滑冰選手還要稍微多一點（因此冰的硬度就要軟一點）。相比之下，花式滑冰選手必須能將他們的冰刀刀尖卡進冰中，才能開始旋轉與跳躍，並安全著地。所以他們需要的冰溫比其他項目都還要高（-3℃），最好厚度也厚很多。這兩種冰面的轉換大約需時 3 小時。通常最簡單的做法是先使用薄的短道用冰，比賽一結束，製冰師再逐漸調高溫度，並再多加幾層冰，為花式滑冰做準備。如果要再換回來，只要開冰面養護車仔細地刨削冰面，同時降低滑冰場溫度即可。

　　你可以想像，要讓冰面維持在理想溫度也不是容易的事。另一位製冰師馬克・卡蘭（Mark Callan）告訴我，在韓國，「室外平均溫度是 -8℃，但是在場館內，頭部高度的氣溫為 10℃。一不小心，這樣的溫度就可能引發冰場浩劫。三千人走進場館會夾帶大量熱氣──把溫度控制好是我們的責任。」根據運動項目而異，緊急修復的做法可能包括大量灌冰，或用加壓二氧化碳急速冷凍的軟雪（slush）或雪來填補大的凹溝。這些製冰大師知道所有秘技。

　　雖然冰的滑溜性在所有多季運動中都不可否認地舉足輕重，我卻只能想到一項運動可以讓運動員在比賽期間主動操控其滑度。

# 冰壺（Curl）

　　冰壺這項蘇格蘭運動是在 1998 年首次引進奧運項目 [88]。我跟其他數百萬人一樣，在那之後，每 4 年都對這場由花崗岩、人類和冰刷共舞的科學芭蕾舞著迷不已。冰壺的歷史悠久；史上所知最早的石壺出現在蘇格蘭中部斯特陵（Stirling）一座池塘，表面刻印著 1511 這個年份，而羅伯特・伯恩斯（Robert Burns）於 1786 年也曾在《異象》（The Vision）和《湯姆參孫的輓歌》（Tam Samson's Elegy）這兩首著名詩作中提到這項運動。冰壺會有兩支隊伍競賽，在長 46 公尺（50 碼）的矩形冰道上滑動拋光的花崗岩石壺。各隊的目標是讓他們的石壺盡可能靠近冰面下方所畫的目標「靶心」〔更正確的說法是圓心（button）〕。

　　這項運動的名稱來自於這些大石頭會以弧形的路線滑行 [89]，根據世界冰壺聯合會（World Curling Federation）的規定，石壺的重量不可超過 19.96 公斤（44 磅）。冰壺比賽開始時，選手會一邊旋轉一邊擲出石壺，使之在冰道上滑行；不旋轉的石壺不會偏轉。另外兩位稱為刷冰員（sweeper）的選手會一路跟著擲出的石壺前進。他們會用一支平頭掃帚在移動的石壺前方交錯刷冰，使其筆直滑行。也因此，冰壺是唯一一個可以在選手擲壺後還能改變拋射路徑的運動，很酷吧。但是如果我言盡於此，那就太小看這項運動了。所有運動都牽涉到物理學，從自行車騎士的最快速度到板球的旋轉都是如此。冰壺的物理學深藏在賽事中每一個動作的瞬間。儘管如此，我們依然無法肯定說出石壺偏轉的原因。

---

88　冰壺也曾在 1932 年、1988 年和 1992 年的賽事中做為表演項目。

89　按：冰壺原文名稱 curl 亦有弧形、捲曲的意思。

圖 18：冰壺是石壺、冰刷與冰合力舞出的一場奇特芭蕾舞。

先從我們知道的事情開始談起好了。首先，奧運使用的石壺的確非常特別。形似壓扁的蜜柑，由兩種產自艾沙克累島（Ailsa Craig）的花崗岩製成，這座小島寬 5 公里（3 哩），位於蘇格蘭外海。石壺的壺體大部分是用一般綠色花崗岩製成，堅實又稍微有些斑點。不過「滑行表面」——就是直接與冰面接觸的這一面——製造商會改用藍色磨刀石花崗岩（blue hone granite），一種艾沙克累島特有的細粒岩石。因為這座小島過去曾受火山侵入，造就這種花崗岩獨特的礦物質結構，所以其非常耐用、無孔隙，又不會破裂。它們也非常防潑水：藍色磨刀石尤其如此。這種特質能防止石壺表面結冰，降低凍結相關損傷可能損及石壺性能的風險。你可能會感到驚訝的是，石壺的底部並不平坦。事實上這個滑行表面是凹面，有點像啤酒瓶的瓶底。因此只有很小一圈藍色磨刀石花崗岩（大約寬 6 公釐，0.2 吋）會真正接觸到冰。

現在，我們來聊冰。如果你曾在電視上看過冰壺比賽，你可能已

經發現冰壺場地的冰沒有競速滑冰場地會有的那種亮光光澤。那是因為冰壺的場地並不光滑——雖然下層的冰面是平坦的，且平坦程度在百分之一公釐以內，但其上方會故意覆蓋一層細小的凹凸冰面，稱為小碎冰（pebbles）。專業的製冰師會在滑冰場走上走下，用不同口徑的噴嘴在冰面上噴灑小水滴，直到均勻地鋪上小碎冰。大致上會在冰壺的冰道上噴兩層小碎冰——兩層的方向相反——以確保整場比賽都保持其粗糙度。製冰師接著會用刀片劃過整片冰道，限制小碎冰的最高高度。鋪上小碎冰可降低石壺與冰面的接觸面積，就能減少它們之間的摩擦力。小碎冰鋪層的滑溜性很不尋常，卻是這項運動不可或缺的要素。石壺在光滑冰面上的移動方式非常不一樣。

最後，就要來談談傳說中的冰刷。接觸冰面的那塊軟墊是用規定的材料製成，但這種材料相當平凡，是一種尼龍布[90]。在石壺前方立刻刷冰可以融冰，產生一層潤滑水層（這次是「真的」水，而不是前面說的那種準液體），可減少兩個表面之間的摩擦力。這麼做有助於石壺滑得更遠，且能把石壺軌跡截彎取直。我訪談過的所有冰壺選手都表示，刷冰員刷得愈快愈賣力，石壺滑行的距離愈直也愈遠。

這三項組成要素——小碎冰、花崗岩和冰刷——加上選手的技術，造就了我們所見的冰壺賽事。目前為止都還不錯。等我們開始討論物理學，才會浮現真正的爭議之處，所以，開始做實驗吧。

拿一個空的啤酒瓶或杯底朝上的玻璃杯，放在光滑桌面或檯面上。我們現在是想要模擬石壺的環狀滑行帶。小心地讓酒瓶在桌面上直線滑行：酒瓶最後停在哪呢？現在再來一次，但這一次，讓酒瓶稍微旋轉，

---

90　此材料是 420D 牛津布（oxford 420D），如果你想知道的話。

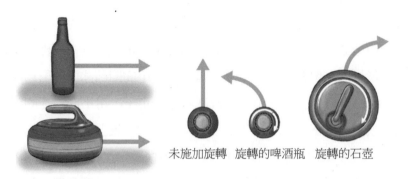

未施加旋轉　旋轉的啤酒瓶　旋轉的石壺

圖 19：石壺依然充滿驚喜──其運動方式不真的依循任何滑行物體的「明顯」準則。

滑行時就會邊滑邊轉。最後停下來的位置跟前一次一樣嗎？結果旋轉的酒瓶總是會偏離未旋轉酒瓶的筆直軌跡。如果你把酒瓶往右轉（順時鐘），最後它的軌跡會往左邊彎曲。如果你把酒瓶往左轉（逆時鐘），你的酒瓶軌跡會往右邊彎曲。

　　會發生這樣的情形，是因為摩擦力作用於瓶底的方式。滑行的酒瓶離手的那一瞬間，摩擦力就開始發揮作用使其慢下來。減速時，酒瓶會稍微往前傾，把前緣推入桌子，增加該處的摩擦力 [91]。如果酒瓶滑行時旋轉，前緣相較於後緣會一直遭受較多摩擦力──所以也移動地比較慢。因此移動速度較快的後緣運動就會主控移動的方向；簡而言之，如果你將瓶子往右轉，瓶子的軌跡就會往左偏轉。這樣的現象稱為**不對稱摩擦力（asymmetric friction）**，在物理學方面絲毫不令人意外。不過，石壺卻完全無視這些準則。石壺會朝轉動的方向偏轉──所以，如果選手把石壺往右轉，石壺就會朝右偏轉。也許有點難以置信，但真正的原因仍有待商榷。自 2020 年中開始，鑽研這個問題的物

---

91　這股摩擦力也說明了滑行物體為何總是朝向移動的方向翻倒。

理學家就分成兩個陣營，每一方都認為對方完全搞錯了。我們上演了一場老派的科學對抗 [92]。

馬克·謝蓋斯基（Mark Shegelski）白天是加拿大北英屬哥倫比亞大學（University of Northern British Columbia）的物理學榮譽教授；晚上則搖身一變成了業餘冰壺手，且從 1990 年代開始發表冰壺的相關科學論文。那時，他針對石壺的運動方式提出一個「液體薄膜模型」，與我們在桌面上滑動酒瓶的實驗有些相似處。他的想法是，就跟酒瓶一樣，偏轉的石壺會在減速時往前翻倒，對前緣施加壓力。但是這股力量不會導致前緣減速，謝蓋斯基認為，這股增加的壓力會讓冰升溫，產生一層薄水膜，可以真正降低石壺前方的摩擦力。所以不同於酒瓶，順時鐘旋轉的石壺前端遭受的阻力會比後端還少，導致往右偏轉。「薄膜模型有其限制，」謝蓋斯基 2018 年末跟我通網路電話時說。「它在石壺上說得通，緩慢滑行但卻會快速旋轉。可是我很清楚這並未完全說明石壺偏轉路徑的原委。」

謝蓋斯基的原始模型有好幾年大受歡迎——儘管有限制，但仍然說明許多石壺奇特的滑行—旋轉行為。而其他概念都無法提供更好的解釋。但是到了 2013 年，當斯塔凡·雅各布森（Staffan Jacobson）及其在瑞典烏普薩拉大學（Uppsala University）的同事發表兩篇論文，提出完全不同的機制之後，情勢就變了。烏普薩拉大學的「刮痕—導向」（scratch-guiding）概念是基於他們在當地冰壺場進行的實驗。他們的實驗結果認為，石壺的滑行帶夠粗糙，可以在冰面的小碎冰上留下極微小的刮痕。

---

[92] 持相反意見在科學界非常普遍——當你提出一個概念，嚴謹驗證的責任就在你身上。如果這個概念是新的或有爭議，其他團體會提出質疑也是預料中之事。這就是同儕審查這個過程的核心，目標是要確保發表的科學品質與誠信。

在他們的實驗中，這些刮痕是石壺的前緣所留下的，當後緣碰到這些刮痕——因為別忘了，石壺滑行時會旋轉——會小小地顛簸，然後輕輕地依循那些刮痕的方向滑行。雅各布森在 2019 年初跟我說，「第一道刮痕有點像軌道，引導粗糙表面上的突出物」。這些推力可能非常細微，但是由於石壺和冰面粗糙，所以推力會發生很多次，導致石壺朝旋轉的方向偏轉。作者說，就是這樣的動作，排除了一層薄水膜的必要性——換句話說，謝蓋斯基的想法是錯的。

雅各布森和他的同事又更進一步利用這個概念，把冰刷換成粗糙的磨砂紙，以特定的方向刷冰，故意磨出刮痕。他們當時錄製的影片顯示，石壺依循刮痕的方向偏向左和右 [93]。冰刷門（broomgate）這個 2015 年震撼冰壺界的爭議，似乎讓雅各布森研究團隊更堅信他們的想法是對的。有家公司推出一款冰壺刷，在刷墊裝上「定向」的織物，它很快就展現其特色可以改變遊戲規則。當頂尖刷冰員拿到這種冰刷，這些「科學怪刷」可用來主動控制石壺的方向，改變其路徑，完全彌補擲壺時的缺失。引用奧運奪牌冰壺選手艾瑪・米斯庫（Emma Miskew）的說法，「你其實不應有辦法在冰道上控制石壺的滑行方向，這不是冰壺。」由於許多大感不悅的隊伍對於使用這種冰刷群起抗議，世界冰壺聯合會委任進行研究。這項研究發現，科學怪刷不只是拋光冰面——它們還會大量刮冰，刷冰員透過改變他們的技術，便可以真的利用那些刮痕引導石壺的滑行方向，甚至抵抗原本的偏轉。因此，這些冰刷受到大型比賽禁用。

儘管如此，謝蓋斯基依然不相信刮痕—導向的概念。「提出好的想

---

93 《每天更聰明》（SmarterEveryDay）這個節目的德斯坦（Destin）在他的 YouTube 頻道上有一段很厲害的影片，就是在解釋冰壺的原理：搜尋「冷硬的科學：冰壺的爭議物理學」（Cold hard science. The Controversial Physics of Curling）就能看到。

法是一回事，但是要發展成一個理論，你需要有量化的結果支持，」他這樣告訴我。「這些人沒有任何計算過程能精確說明石壺的運動，所以對我而言，他們根本沒有構成理論。」問及他對於他們的砂紙實驗有什麼想法，謝蓋斯基說，「他們的概念是基於石壺滑行時會刮磨冰面。所以到底爲什麼要使用砂紙？只要用石壺刮冰面就行了吧。如果這個概念站得住腳，那我們在每場賽事都應該會看到石壺在冰面留下波浪形的路徑偏向左和向右。可是我們並沒有看到這些痕跡。」

粗糙度肯定影響了冰面與石壺之間的相互作用；畢竟，滑行帶極度拋光的石壺即使在鋪小碎冰的表面上也不會偏轉，石壺製造商對他們的糙化做法也非常保密。謝蓋斯基和烏普薩拉團隊意見相左之處，正是粗糙度扮演的角色。「冰刷門完全沒有證實他們的想法，」謝蓋斯基這樣說。「沒錯，冰刷會刮冰，但是刮痕深度比石壺刮出的刮痕還要深很多，即使在極端條件下可套用刮痕—導向的機制，但是它完全無法讓我們瞭解標準、眞實的冰壺比賽所使用的無刮痕冰刷。」

謝蓋斯基和他的同事在一封公開信上這樣說（當然不只說這些），回應雅各布森的論文。而這件事卻反而促使雅各布森團隊回覆了他們；這相當於科學界的決鬥。撰寫本章時，該團隊從未眞正對外發言──至今，他們唯一的溝通管道就是透過研究論文。我跟雅各布森提到，這樣的做法很不尋常。他相當坦蕩地說，「我從沒見過謝蓋斯基，但我也沒興趣跟他吵。我們只是證明了他的模型不足以解釋觀測結果。」

謝蓋斯基被問及雙方合作是否會有更好的結果時，他說：「當我第一次聽到他們的想法，我坐下來試著用現有的模型建構出他們的概念，並與我們多年來的觀測結果比較。我希望可以行得通，我想要行得通，但是完全沒辦法。我們的模型可能還不完整，但是他們的則是純然不正確。」

對謝蓋斯基而言，冰壺最神祕的問題一定跟石壺的旋轉速度有關，不過他說，雅各布森的論文中並沒有提到這一點。為了釐清這個問題，我們得回到前述桌上的酒瓶那個實驗。我們稍早確立的結論是，如果你放開酒瓶時也旋轉它，那它就會「偏轉」。酒瓶的旋轉速度與其滑行的側向距離也有明確的關係，也就是說，如果你旋轉酒瓶的速度愈快，就偏轉得愈多。但是石壺卻不是這樣。幾個研究團隊的觀測結果顯示，不管石壺在冰面上旋轉幾次，偏轉的距離都一樣，大約是 1 公尺（3.3 呎）。「這實在很奇怪，」謝蓋斯基跟我說，「我們這些想要參透冰壺物理學的人一直對此感到很困惑。」無論是謝蓋斯基原本的薄膜模型，還是雅各布森的刮痕——導向機制，都無法完全解釋這個觀測結果。

接著到了 2015 年，謝蓋斯基接到愛德華・洛佐斯基（Edward Lozowski）博士打來的電話，他是亞伯達大學（University of Alberta）的物理學家。「愛德在加拿大常被稱為『冰上物理學之王』，」謝蓋斯基說。洛佐斯基曾經針對競速滑冰和雪車發表論文，但是有天醒來發現自己在思考冰壺的原理，心裡很清楚馬克就是他該找的人。那通電話促成兩人之間的合作，一年後，他們發表了他們的「軸轉—滑行」（pivot-slide）模型，他們相信是至今對冰壺運動最完整的敘述。

該理論認為，當石壺滑行和旋轉時，其滑行帶上的顯微粗糙度會導致其短暫地黏在表面的小碎冰上。這樣的接觸時間真的非常短——謝蓋斯基和洛佐斯基估算大約 45 奈秒，比眨眼的速度還快一千萬倍。他們說在那段時間，石頭會以旋轉的同樣方向在小碎冰上軸轉，拉動石壺直到失去接觸。石壺接著會繼續滑行，儘管方向稍有改變，直到遇到另一個小碎冰，這又引發另一次軸轉。因為當石壺滑行於鋪有小碎冰的冰道時，這種狀況會發生數萬次，造成充分的重新導向，便可解釋石壺神祕的偏轉行為。謝蓋斯基與洛佐斯基還繼續發展他們的模型，於 2018 年發表了

一個新的冰壺運動方程式。

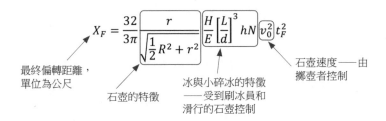

$$X_F = \frac{32}{3\pi} \boxed{\frac{r}{\sqrt{\frac{1}{2}R^2 + r^2}}} \boxed{\frac{H}{E}\left[\frac{L}{d}\right]^3 hN} \boxed{v_0^2} t_F^2$$

最終偏轉距離，
單位為公尺

石壺的特徵

冰與小碎冰的特徵
——受到刷冰員和
滑行的石壺控制

石壺速度——由
擲壺者控制

如果你不是數學愛好者，那這組方程式看起來可能有點嚇人，不過先別急著翻頁。在你的左手邊可看到 $x_F$，這是偏轉距離。右手邊有一個數字（$32/3\pi$），與石壺的形狀有關，接著是一組石壺特有的名詞（R = 石壺的半徑，r = 滑行帶半徑）。下一組名詞與冰有關；有些是冰的機械性特性——H 是硬度，E 是冰的楊氏係數（Young's modulus），與冰的「彈性」有關[94]。有些則著重於小碎冰，L/d 是小碎冰的高度除以其直徑，N 是特定區域內的小碎冰數量，而 h 則是冰壺滑過之後削減的小碎冰高度。這些與冰相關的名詞就是刷冰員可以改變的因素——透過在石壺前方用冰刷摩擦冰面，他們可以軟化小碎冰（減少 H）並融化部分小碎冰（降低 L）。這能讓偏轉長度變短——換句話說，刷冰員可以讓石壺偏轉地較少，這正是我們在現實狀況中所看到的[95]。倒數第二個（$v_0$）是石壺的速度，這就取決於擲壺者的技巧。$t_F$ 是停止時間，主要由冰面和石壺之間

---

[94] 楊氏係數是彈性材料的剛度：此數值可看出材料朝某個方向受到擠壓或延展時會有的反應。雖然此特性是以博學家湯瑪斯・楊（Thomas Young，1773 ～ 1829 年）為名，但他並非第一個使用者。萊納德・尤拉（Leonhard Euler，1707 ～ 1783 年）這位 1700 年代極具影響力的數學家比楊還早 80 年發表一篇提到相同特性的論文。所以也許我們應該稱之為尤拉氏係數比較正確？

[95] 輪椅冰壺選手不刷冰，所以他們擲壺時需要比四肢靈活的選手更精準。

的摩擦力決定；這個數值讓我們知道，在完全光滑的冰面上，石壺不會偏轉（$x_F$ 趨近於零），且有多項觀測結果支持。

這組方程式沒有納入的因素，幾乎跟這組方程式包含的項目一樣有意思。謝蓋斯基和洛佐斯基發現，緩慢旋轉的石壺（在冰壺比賽中是常態），總偏轉距離（$x_F$）與石壺的旋轉速度無關。所以，旋轉速度多快根本不重要 —— 冰壺的偏轉程度總是一樣。在方程式中代入代表值，會得到 $x_F = 0.93$ 公尺（3.05 呎），非常接近經常觀測到的偏轉距離，即大約 1 公尺。這點大力支持此理論。謝蓋斯基也主張，「冰刷門」—— 雅各布森和烏普薩拉團隊用來證明他們的競爭理論 —— 實際上支持他的軸轉—滑行機制。對他而言，「刮冰會增加石壺在粗糙的滑行帶上可軸轉的小點數量。」我們交談時，他才剛開始在冰壺場試驗這個概念。

所以我問他，那代表他們推導出「冰壺的大一統場論」了嗎？謝蓋斯基邊笑邊說，「也許有，但就算沒有，至少我們也已經很接近了！」跟他聊完之後，我發現自己也認同他的看法。雖然遠不及完美，但謝蓋斯基的軸轉—滑行模型讓我浮現一種直覺 —— 感覺對了，因為它再現了許多冰壺的真正實況，且是以紮實的物理學為基礎。不過雖然雅各布森的論文有其缺陷，且連接因果關係的理由有點太過牽強，但我對刮痕—導向的概念還是無法完全忘懷。從我當時在筆記本上的塗鴉看起來，如果烏普薩拉研究團隊推導出一個可靠的數學模型，且再多做幾個更詳細的實驗的話，我大部分的疑慮就能獲得解答了吧。

結果原來早就有人開始實驗了。2019 年底，我看到一篇芬蘭阿爾托大學（Aalto University）研究人員發表的論文。雖然與雅各布森無關，但是該團隊著手測試他的刮痕—導向理論。他們一開始先在一個「冷房」（意思就是：大到足以容納一間實驗室的冷凍庫）中特製一個場地，長 3 公尺（9.8 呎）的冰壺場。其特殊之處在於場地上有一塊 A4 大小的小碎

冰區，可以很快拆除，拿到顯微鏡下檢視。這讓阿爾托的研究團隊可以在石壺滑過前後馬上掃視冰面。如果出現刮痕，他們就能測量兩者間的角度，並與刮痕－導向預測的結果相比較。在競賽型冰壺常有的速度之下，研究人員觀測到「線狀移動和旋轉的石壺之前緣和後緣產生的交叉刮痕」，他們發現刮痕角度與石壺側移之間有強烈關連性。換句話說，他們的結果支持石壺產生的刮痕可以導引石壺路徑的概念。

另外還有一位加拿大研究人員，艾伯特・雷蒙・佩納（A. Raymond Penner），發表了他運用雅各布森初始論文發展出的刮痕－導向數學模型。刮痕－導向陣營回擊了。如同往例，洛佐斯基和謝蓋斯基準備了一篇正式回應，指佩納的模型把「『科學怪刷』如何改變石壺拋射路徑解釋的還不錯，」但是他們對許多細節提出質疑。他們兩位參照自己的研究結果，在佩納的論文發表後幾個月內就回應，謝蓋斯基在我們稍早的訪談中有跟我說過。他們推斷，「石壺的側偏轉無法單純歸咎於石壺產生的刮痕所致。」幾週內，佩納就刊登了他自己對這些評論的回應，大部分都持相反意見。這會是另一場美好較量的開始嗎？誰知道！

目前，冰壺的世界依然分成刮痕與軸轉兩個陣營，但是「到底是什麼讓石壺偏轉？」這個問題的完整答案，很有可能是這些效應都各有貢獻。有鑑於過去 5 年已有多篇針對這個主題的研究發表，很有可能等你讀到這本書的時候，又出現了另一個佔優勢的理論。科學就是這樣，而我不得不在某個時間點喊停。我最愛冰壺的地方，在於這個充滿魅力又奇特的奧運運動，從 500 年前第一次在蘇格蘭冰凍的湖面上遊玩至今，它依然神祕無比。

# 冰川（Glacial）

目前為止，我們討論了冰的特性之間的關係，以及物體在冰面如何移動。但那只說了冰滑故事的一半。現在我們來看看冰在**其他物體上**如何移動，讓我們大規模地進行吧。

世界上沒有冰的壯觀程度比得上南北極或高山山頭。冰川是一股自然的力量。世界上有四分之三的淡水儲存於其中，饋入河川、灌溉農作物，並雕塑出冰川底下的地景。但是構成冰川的冰，與任何「正常」的冰都非常不同。一條冰川始於降雪。隨時間過去，當蓬鬆的雪片堆積成厚厚的積雪，就會開始變得結實，而在原始冰川深處的雪花融化，受壓之下重組，更緊密地堆疊在一起。在過程中，冰晶內的空氣會漸漸被擠出，雪花開始失去它們的六角形結構，因此變得比較偏顆粒狀。四季更迭，這個顆粒狀的雪會變硬，其結晶變大，直到成為粒雪（firn）[96]。經過數十年降雪、壓實、融化和再結晶的循環，有部分冰會殘留下來——通常是在冰川底部——這些冰完全沒有氣泡，而是呈現藍色調的透明狀。由於這堆冰終其一生經歷了許多變化，有些人會將之歸類為一種變質岩（metamorphic rock）。

「我會這樣歸類，」地球物理學家克里斯緹娜·哈爾布（Christina Hulbe）教授笑著說。「你甚至可將冰川的冰視為非常接近其熔點的岩石；所以，某種程度上它像岩漿。」來自奧塔哥大學（University of Otago）的哈爾布教授已鑽研冰川和極地地景將近 30 年的時間，所以當我想瞭解超級密實又大得嚇人的冰怎麼有辦法移動，她是我的第一

---

96　粒雪這個名詞來自古老的高地德語，意思是「古老」或「去年的」。

人選。她說，多數情況下，冰川運動要歸咎於兩股力量合力：冰的內部變形，以及底部的滑動。每股力量的相對重要性依冰川而異，每一條冰川都不盡相同。「在阿爾卑斯山的冰川可能位於粗糙、多岩石的地面，而在南極的冰川則可能會看到冰漂浮在水面上，」哈爾布說。「作用於這些冰川的過程顯然差異很大——其中一端是底部有大量剪力；另一端則什麼都沒有。但以上不過是冰川規模的兩極——兩者之間還有很多的可能性。」不過變形似乎的確是常見的因素，那是因為當冰川內深處的冰長時間受壓，會緩慢且永久地扭變——它實際上是一種「塑膠」。如果這樣的情形發生在下坡，作用於冰川巨大團塊的重力足以驅使那樣的變形，拉扯其冰晶，使之「流動」。相比之下，在冰川上層的冰往往比較脆，所以變形時會碎裂，產生巨大的裂縫，把冰川切成碎片。

有些情況下，冰川的重量也足以融化底部的冰，形成一個潤滑層，有助於冰川滑動。如果這樣的融冰很多，冰川就能很快速地移動。2012年，就有人發現格陵蘭的雅科布港冰川（Jakobshavn Glacier）每天移動46.6公尺（51碼）——比它在1990年代中期的速度還快4倍。南極也有冰流（ice stream）這種特殊景觀，這是深埋在冰層的快速流動渠道。如哈爾布所說，冰川往往位於水分飽滿的沉積物上方。「這種沉積物相較於其上方的冰更軟，所以會先變形。意味著底部幾乎沒有牽引力——冰流裡的冰可以滑動和延展和剪切。但是冰流間的冰脊遭受的摩擦力較大；它們實際上凍結在底部。」

研究在南極冰層中和冰層下運行的許多過程，對於理解氣候變遷的長期意義相當重要。如哈爾布在斯科特基地（Scott Base）研究機構錄製的 TED 大會演說所說，西南極大陸的冰層是地球上海平面上升最大的來

源之一，也是氣候推測不確定性的主要來源 [97]。她告訴我：

> 我們知道大氣中的二氧化碳增加，造成了大氣和海洋暖化，而冰川
> 對暖化的反應就是融化和改變流動的速度。我們對背後的物理學知
> 之甚多，也能建構計算機模型研究未來的趨勢。但是對我們而言，
> 關鍵是要知道氣候暖化何時（而不是會不會）會產生真正的不穩
> 定——就算停止暖化，失控的冰層消退還是不會停止。無論我們接
> 下來怎麼做，西南極大陸的冰層都將改變，但是我們以全球社群做
> 出的決定可以限制情勢變化的速度。要改變我們目前的路線永遠有
> 機會，而且愈快開始愈好。

## 結冰

在我們結束所有與冰有關的話題之前，還有最後一個議題要討
論——從滑冰場到機場跑道，讓冰得以黏附並成形的過程。

冰往往會在寒冷的時候形成——顯然如此，我知道，但是僅僅低溫
並不足以讓水變成冰。事實上，在適當的條件下，水直到 -20℃都能維持
液態 [98]。有個簡單的實驗可以讓你在家證實這件事。拿一個密封的塑膠水
瓶放進冷凍庫。家用冷凍庫的運轉溫度接近 -18℃，所以大約兩小時內，

---

97 如果想觀看哈爾布教授在 TED 大會的演講，請上 YouTube 搜尋「對南極失控的冰層後退踩
煞車」（Putting the brakes on runaway ice sheet retreat in Antarctica）。

98 這是「實際」限制。理論上，水分一直到 -40℃都能以過冷液體的形式存在。

瓶中的水就應該會達到「過冷」的狀態，意思是儘管已經遠低於冰點，它依然是液態[99]。動作輕緩地從冷凍庫取出水瓶。接著，等你準備好就快速又用力地重擊水瓶——我喜歡把我的水瓶使勁甩到桌上。如果你有充分冷卻瓶中的水，這個動作應該會讓水在你眼前變成冰。

　　你眼前看到的就是**晶核生成（nucleation）**。你藉由撞擊賦予水瓶的能量利於讓少量過冷水分子快速排列成行。事實上產生的結構就是冰晶：一個讓其他分子附著的「核」。當液態晶體變成冰時，你看到的冰「散佈」在水瓶中的現象，其實是愈來愈多水分子排列對齊。晶核生成就是凍結過程的開端，但是並不一定都需要能量衝擊。在我們的日常生活中，比較有可能是雜質造成，例如一粒灰塵，或冷水接觸的表面有刮痕或粗糙點——任何讓水分子得以抓附並生成冰晶的東西都有可能。一旦你有三個要素——水、零下溫度，以及好幾個晶核生成點——你就很有可能可以得到冰。

　　「事實上，故事不只如此，」堪薩斯州立大學（Kansas State University）的艾米·貝茲（Amy Betz）教授在網路電話上跟我說。我的敘述中漏了很重要的因子：一直存在我們呼吸的空氣中的水蒸氣。我猜我可以花一整章的篇幅來談水蒸氣，但我們的目的是需要知道大氣中的水會不斷在氣態、液態和固態間切換，以不同的速率蒸發和凝結。達到露點（dew point）這個特定溫度時，平衡會偏往凝結，這時我們就會看到水滴形成[100]。貝茲繼續說，「如果想達到凍結，你需要有夠冷的溫度，

---

99　你可能需要對此做實驗——依你的所在區域而異，各地的自來水成分可能不同。你家的冷凍庫設定也會影響水變成過冷狀態所需的時間。如果可能的話，一個半小時後，你就應該每十分鐘確認水瓶一次。

100　如果想要瞭解更多，可在網路上搜尋「阿利斯泰爾·B·弗瑞瑟的壞天氣」（Alistair B. Fraser's Bad Clouds）指引。

既低於冰點，又低於露點。在標準大氣壓力之下，這些溫度通常相近，但是如果是壓力較高或較低的地方，兩者間可能有差距。除非表面低於這兩個溫度，否則水蒸氣不會凝結，然後凍結產生成霜。」

從表面的觀點來看，還有許多其他因素會影響結霜和結冰：「除了濕度，表面的化學特性與結構也會顯著影響凍結的方式與時間，」貝茲說。換句話說，冰要怎麼黏附在表面上，取決於表面的材質。這正是貝茲非常熟悉的領域——有好幾年時間，她帶領一個研究團隊探究表面、水蒸氣和冰點之間的相互作用。「我其實是從溫標的另一頭開始的，」她說。「我的博士學位主要是關注液體在新穎表面上的沸騰。」當貝茲當上助理教授時，她想要改變路線。「我覺得如果關注這些表面如何控制其他相變，應該會很有意思，例如凍結。結果背後的機制與我們原本想的完全不一樣。冰真的是個怪咖，」她笑著說。

大家早就知道疏水性表面（如我們在第一章碰到的那些表面）可以延遲結霜。這造就某種直覺——畢竟水如果無法黏附於表面，冰就無法形成。但是到頭來，根據貝茲的看法，「在特定溫度和相對濕度之下，結霜是無可避免的。我們最多只能延遲它的出現。」當霜最終在疏水性表面上形成時，其密集度不如親水性（熱愛水）表面所結的霜那般。貝茲假設，合併疏水性與親水性區域的**雙親**（**biphilic**）表面，抑制凍結的效果可能更好。「我們的想法是，水蒸氣水滴會優先在親水性區域形成，但是疏水性區域則可以防止它們聚結形成一整層。它們反而會被固定在一處，各自分離。」

這個發現讓貝茲得以控制液體在表面上凍結的位置和速度。只要改變表面形態的化學和形狀，研究團隊就能加速或減緩凍結。貝茲為一個特定表面申請專利，該表面的設計是覆有奈米級的柱狀表面。她也在許多不同的材料上展示一樣的行為，順便揭露其他的謎團。「例如，在我

們的二氧化矽奈米柱表面上結成的冰是立方晶體——不是定義雪花形狀的常見六角形冰。我們不明白爲什麼會這樣，但是實在太迷人了。」

貝茲的成果也有實際上的含意。「有很多產業深受結霜現象所苦，」她說。「冷凍、空調和運輸業——他們都必須應付不斷除霜的問題，而要解決這個問題所費不貲。」有個例子是航空部門。在多天，飛機在過夜或在登機門等候時，機身結霜和結冰是很普遍的現象。如果你曾經坐在飛機上，同時有加熱的橘色液體噴滿全機，那你可能對目前其中一種解決方法很熟悉。這些除冰化合物通常是由丙二醇製成，可以有效降低水的冰點，即使是在接近 -45℃的溫度也能防止結冰。它們有效又便宜，所以廣爲業界所用，但是如果使用不正確，有可能造成環境污染[101]。還有一種化學性質相似但整體比較濃稠的綠色液體也能當做防冰塗層。這種液體會吸水，防止水黏附於表面，但是只是暫時的。當飛機沿著跑道加速，飛機會逐漸脫去黏糊的綠皮，達到 300 公尺（1000 呎）的高度時就完全將之拋在機身後。可以想像，機場到處都充斥著這些液體。一份 2012 年的美國國家環境保護局（EPA）報告估算，美國機場每年就使用 9500 萬公升（2100 萬加侖）的除冰液體。我詢問貝茲教授，她的塗層能否改變這個現象。「目前，我們的雙親塗層的價格還無法與除冰液體競爭，」她說。「但是如果規定改變，或如果化學物質的成本大幅上升，人們可能會對其他選擇更感興趣。你永遠不知道科技會在哪裡轉彎。」

機身上結冰不只是一個小眾議題——它會對飛機性能造成重大影響。一位 NASA 工程師湯瑪士‧拉法斯基（Thomas Ratvasky）告訴《科學人》雜誌（Scientific American），「冰會重塑飛機表面產生升力的部分：

---

[101] 關於除冰化合物的使用、處理、存放和重複使用，機場有嚴格的管制。這些規定的確切細節依地區而異

也就是機翼和機尾。冰造成的表面粗糙足以改變空氣動力。」那會提高阻力，增加飛機的重量，並降低推進力。從各方面來說，冰不是什麼好東西。事實上，有兩位航空安全（Aviation Safety）華盛頓特區分處的研究人員就指出，飛機表面的積冰，從 1982 至 2000 年間，在美國就造成 583 件航空事故——導致 819 人死亡。

這些數字包括飛機飛行時在飛機上形成的冰造成的意外事故，但是在很高的高度時，駕駛員要擔心的不是雪或冰珠。唯一真的會黏在飛行中飛機身上的是特定雲類會有的過冷液體。在這裡，飛機所做的就像我們先前對水瓶般突然大力搖晃。當其通過一朵雲，機翼前緣會被過冷水的水滴撞擊，這種水滴是凍結的，且會形成冰的結構。這通常發生在-10～+2℃之間的氣溫，屬於「比較溫暖」那一端的水滴會產生危險、角形的結構，稱為雨淞（glaze ice）。雨淞是出名地會干擾機翼周圍的氣流，大大影響飛機的空氣動力性能。當溫度降得更低，過冷水往往一撞擊就結冰，產生一個不透明又脆的冰楔，稱為霧淞（rime），這會增加飛機的重量。

飛機在地面上施加的塗層無一能防止在飛行中積冰，所以需要其他系統。大部分大型商務機會在飛機的機翼和機尾表面等重要部位以管路排放熱氣。因為只要引擎運轉就能產熱，這個「排氣」（bleed air）可充當不斷產熱的屏障，用來防積冰。熱也是飛機使用的電熱系統的關鍵，如波音 787。它們的原理是把導線接到機翼前緣的內表面；當電流通過，就會加熱，這樣一來可以一開始就防止結冰，或讓已經凝固的冰融化。許多比較小型的飛機則採取較機械的方法除冰。它們會沿著機翼前緣裝設名為「除冰帶」（de-icing boots）的黑色橡膠膜。壓縮空氣會反覆對除冰帶充氣和洩氣，破壞任何已經在表面結成的冰。所有這些系統都可靠地運作時，科學家和工程師就能繼續尋找替代選擇，有許多是運用新穎、

防冰的表面塗層。在 2015 ～ 2020 年間，光是這個主題就有超過 4500 篇論文和專利發表，滑溜的矽膠、油膩的石墨烯，甚至從蘑菇萃取的「天然」抗凍分子，都被提議作爲保持飛機表面無冰的方法。所以，未來的飛機是不是只要保持超滑的機身就能戰勝冰的滋長呢？目前還很難說。但是身爲著迷於表面科學的人，我承認我希望它們可以。

　　冰會滑，是許多日常生活經歷的核心，但其也融入了一些我爲這本書做功課時碰到的最有趣問題。我以爲我已經摸透了冰的特性，但我錯了。我從沒想過我會在一個已流傳幾世紀的古老運動中發現這麼多爭議點，我也沒有完全領會冰川運動的機制。我不知道你是怎麼想的，但是我再也無法用同樣的態度看待這種材料了。

第八章

# 觸摸的力量
## The Human Touch

　　赤腳踩到冰涼的地板；電腦鍵盤喀嗒喀嗒的聲音，及智慧型手機的震動聲；夏日上衣清脆的觸感或羊毛毯蓬鬆的舒適感；愛人柔軟的皮膚；旁人在你緊張時緊握你的手帶來的安心感。我們生活在一個觸覺無所不在的世界，而我們透過我們的皮膚這神奇的材料悠遊其中。包埋於皮膚之下的受器有著複雜的網絡，這個網絡不停運轉，接收來自環境的線索並回應。我們感受的能力塑造了我們。觸覺在人類發展也佔了重要的一環，如神經科學家大衛‧J‧林登（David J. Linden）教授和其他人所證實，觸覺可以做爲社交接著劑，把人連結在一起[102]。儘管如此，觸摸很可能是最不受到重視的感官。觸覺對我們的日常生活如此基本，以至於完全遭到忽視……或者我應該這樣說，難以觸及。不同於「四大」感官——即味覺、聽覺、視覺和嗅覺——觸覺無法以特定藝術形式表現[103]。我們不會看到夾在餐廳、音樂廳、電影院和香水店之間的「觸覺酒吧」。我能想到最接近的類似場所是我家附近的布店，但是就算店裡有各式各樣不同觸感的織料，也只代表我們能體驗到的觸威互動很微小的一部分。

---

102　如果想要再更深入瞭解觸摸對人類的意義，我建議去讀一本 2015 年的作品《觸摸》（Touch），作者是大衛‧J‧林登，由維京出版社（Viking）出版。他是瞭解此感覺之複雜度（和生物性）的絕佳引路人。

103　事實上，所有專家都同意，還有五感之外的更多感覺，雖然到底還有多少還沒達成太多共識。

　　我們身上每一寸皮膚都與觸覺相接，而每個與觸覺有關的感覺都有各自從皮膚至大腦的獨特路徑。疼痛、受壓、振動、伸展、溫度變化等都由特定的感測器感知。但是它們蒐集到的資訊會無縫整合在一起，再結合其他感覺器官蒐集的資訊，把我們的周遭環境繪成一幅精巧的觸覺圖。皮膚是最終的界面：其複雜、多層的表面，是體內系統與體外系統的交會處。雖然觸覺被視為一種生物系統——範疇遠超出本章範圍——但也有物理與工程學含意。這才是我想要探究的。

　　但是讓我們說得更具體一點，因為並非所有皮膚都一樣敏感。皮膚可以大致分為兩類：有毛與沒毛。你可能不知道，你的皮膚將近 90% 都屬於前者。有些部位明顯有毛，像頭皮和腳，但是即使是前臂和大腿內側看起來光滑的皮膚，都覆有「小細毛」（peach fuzz）：細小、柔軟、無色的毛。沒毛的正式名稱為**無毛**（**glabrous**），這種皮膚只出現在幾個地方——你的手（手掌與手指）、腳跟、你的嘴唇、乳頭，和部分生殖器 [104]。

　　這種無毛的皮膚擁有感覺的超能力，擅長的觸覺類型能讓我們快速區辨物體和辨別材質紋路、表面和形狀。對人類而言，大部分觸覺探索是經由手部的移動完成，手可以察覺到非常精細的差異。2013 年，有一群瑞典研究人員推斷，透過食指，人類得以鑑別出大小僅 13 奈米的表面特徵，相當於並列的五股 DNA 片段。那比我們可用肉眼辨別的尺寸還小非常多 [105]。德拉瓦大學（University of Delaware）有一篇 2021 年的研究指

---

[104] 有些無毛的皮膚，例如嘴唇、包皮和陰道，也可能被稱為黏膜與皮膚（mucocutaneous），因為除了其缺乏毛髮以外，也具有黏膜這項特色。

[105] 根據《科學焦點》雜誌（Science Focus），視力正常的人眼可以解析間隙 0.026 公釐（或 26000 奈米）的線條，前提是距離你面前 15 公分（6 吋）。

出，我們的指尖可以區分只替換一個原子，其餘部位都完全一樣的兩個光滑表面。那就是為什麼我們在本章會把焦點放在沒毛的手，以及透過手與周遭世界互動的許多方式上。雙手抓緊囉。

## 指紋

這幾年來我拿過幾本護照和簽證，所以我相當熟悉指紋掃描這件事。但是這次的流程感覺有點不一樣。首先，我坐在位於威靈頓的紐西蘭警察總局一間無窗的房間裡。掃描影像也是用一個跟我的智慧型手機差不多大小的儀器掃描。但是我卻著迷似地，用以前不曾有過的方式盯著複雜的紋路看。指紋負責人吉蘭・哈利爾（Gilane Khalil）帶我走了一趟我的指紋之旅：

> 深色線就是凸起區，我們稱作乳突紋線（papillary ridge），其紋路可大略分為三類：箕形紋（loop）、斗形紋（whorl），及弧形紋（arch）。箕形紋的紋線會出現，繞圈之後再彎折回來，回到同一側。弧形紋是從一端往上彎曲或隆起，然後流向另一端——只有大約5％的人口有這種指紋。斗形紋是環形紋路。大部分人會有箕形紋混合斗形紋，你手上的指紋也是如此。

她指著取自我右手中指的指紋說，「不過你的指紋的確很不尋常。你看得出來這個特徵是結合了箕形紋和和斗形紋嗎？真是很好的複合紋路範例。」

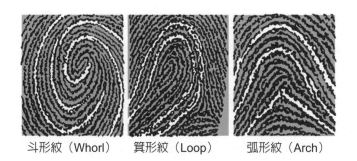

斗形紋（Whorl）　　簸形紋（Loop）　　弧形紋（Arch）

圖 20：乳突紋線的紋路複雜，但是以上是最常見的三種。你的是哪一種呢？

　　雖然指紋獲得最多關注，但我們整個手掌其實都被這個有乳突紋線的皮膚包覆，上方覆加一層網絡，有特有的深褶痕和摺皺。這些複雜性全都反映出肉眼可見表面之下的暗潮洶湧。我們皮膚上的紋線圖型是由不同種類的蛋白質角蛋白構成，最強、最耐久的種類就位於凸起的紋線，比較柔韌的則位於兩者之間的凹部。這樣的組合讓紋線可以承受大量擠壓，而凹部則可讓它們有空間屈曲和伸展。

　　這些紋路的根部很深，延伸到皮膚最外層（表皮）之下，並進入下方的真皮。這層結締組織有類似的紋線形式 —— 大衛・林登（David Linden）稱之為「朝內的指紋」—— 其提供表皮各種支持，包括血管。皮膚的汗腺和管道也會把這幾層固定在一起，灌注沿指紋線頂端分布的大量汗孔。位於手掌無毛皮膚下的腺體是人體當中最大也最緻密者，每平方公分有 1000 ～ 1200 個 [106]。所以下次你在不合時宜的時刻冒手汗時，你就知道要怪誰了。

---

106　許多人普遍認為手指也會分泌皮脂，是會讓你的頭髮油滑、皮膚油膩的天然蠟狀物質。但是事實上，你的手掌並沒有皮脂腺，腳跟也沒有。所以，在指紋上發現的任何皮脂，都是你用手指摸到其他皮膚部位後轉移的

人類並不是手腳有乳突紋線皮膚的唯一靈長目。匹茲堡動物園（Pittsburgh Zoo）和聯邦調查局（FBI）在 2011 年進行一項研究，在例行性獸醫檢查期間採集各種不同靈長目的指紋。毫不意外，已知與我們關係密切的物種，如紅毛猩猩、金剛猩猩和黑猩猩，都出現類似的箕形紋、斗形紋和弧形紋，雖然與我們的分布有點不同。所有紅毛猩猩的指紋中，幾乎一半都有人類罕見的弧形紋。黑猩猩的斗形紋比我們多，而金剛猩猩的箕形紋比例與一般人類差不多。不過目前已知另外至少還有一種動物也有指紋，儘管其演化路徑與靈長目非常不同：無尾熊（學名是 Phascolarctos cinereus）。這種毛茸茸的有袋動物（也是澳洲的代表動物）指頭上的紋線，不管大小、形狀和排列，都跟人類的紋線相似，牠們前掌每根指頭都有弧形紋，有些後掌也有。斗形紋和箕形紋往往只出現在特定指頭。差異如此大的物種之間有這些共同特定特徵的原因，普遍認為是因為紋線可以增進牠們的抓握能力。對大半時間都待在森林樹冠的物種而言，這是很有效的技能……或我們之後將會看到，這種技能更常出現在都市叢林中。

指紋長久以來都被當做人類在物體上留下痕跡的方式，從簽合約和泥板文書（clay tablet），到古代墓碑的牆面。但是用來辨識個體——因其明顯的獨特性——是比較近代才開始，且有一段非常成敗參半的過去。與指紋早期發展關係最密切的有三個人，分別是亨利·佛德斯（Henry Faulds）醫師、優生學家法蘭西斯·高爾頓（Francis Galton），以及殖民地警察愛德華·亨利（Edward Henry）。佛德斯透過實驗證實指紋會永久存在——即使遭遇嚴重的表皮損傷也可以恢復原本的紋路。除了尺寸變大，指紋的紋路從出生到成年都一樣。他也設計出第一個正式的紋路分類系統。高爾頓在 1892 年的一本著作就是以那些主張為基礎，他從世界各地蒐集了指紋樣本之後，宣稱掌足凸紋（friction ridges）是「比任何身

體特徵都還更加肯定的身分判定標準」。這開啟了一扇門，世人開始把指紋當做一種鑑別工具。

高爾頓特別強調此技術對英國殖民地的潛在重要性，「這些地方的土著很難區別」。沒錯，他真的這樣寫[107]。駐紮在印度，擔任孟加拉警察分局督察長的愛德華・亨利非常推崇高爾頓的作品，且確信他可以把分類系統再調整得更實用一點。在他的努力之下，亨利系統（Henry System）誕生了，1901 年獲蘇格蘭場（Scotland Yard）[108] 採用，自此之後衍生的不同版本也受到執法機關和其他警政機構使用。

最近幾十年來，有些有威望的科學組織開始批評指紋在鑑識科學的地位 —— 尤其是做為刑事案件的證據。癥結點環繞在個化（individualisation）的概念；即鑑識痕跡〔例如犯罪現場找到的潛伏指紋（latent print）〕可以無歧義地連結到特定的某個人，「而因此排除其他所有人。」2009 年，美國國家研究委員會（National Research Council）發表一份針對美國鑑識科學狀態的大型研究。他們在這份研究中提到，指紋鑑定缺乏提出這種主張所需的科學依據。之後的報告也同意，指出諸如錯誤率、專家之間缺乏可重複性和重現性，以及認知偏誤等風險。

如果你曾經看過那些時髦的「犯罪現場調查」（CSI）電視劇，你可能會想，這跟認知偏誤有什麼關係。指紋比對想必都是由電腦完成的

---

107　與他擁有的許多其他種族主義信念一致，高爾頓深信指紋、種族和「氣質」之間一定有關係。在他的著作《指紋》（Finger Prints，前往 www.biometricbits.com 這個網站可找到這本書），他思考自己是否可以在「其他特別不一樣的種族中」找到「比較像猴子的指紋」。你應該猜想得到，當他沒找到這樣的關係時有多失望。如果你選擇閱讀他的著作，請先做好心理準備，你將會有大半時間都感到憤怒及／或不舒服。我個人也相當推薦閱讀安琪拉・賽尼（Angela Saini）的著作《高級人種》（Superior，2019 年第四版）；該書深入探討了「種族科學」（race science）的歷史。

108　按：為英國人對倫敦警務處總部的暱稱。

吧？這個嘛，雖然電腦化的資料庫的確善盡職責，但拿指紋比對資料庫裡的指紋資料這個過程，其實是由人工進行，很意外吧。在紐西蘭這裡，軟體只會當做初步過濾的工具，用來觀察指紋的整體模式，以及畫面中不同點之間的關係。那樣的電腦分析會吐出一長串可能的候選清單，接著就人工檢查每一位候選人的指紋細節──所謂的人工即是受過訓練的指紋專家。指紋專家要留意很多地方。負責管理紐西蘭國家指紋服務（National Finger Print Service）的塔妮亞・凡・皮爾（Tanja Van Peer）告訴我：

> 光是一枚完美的潛伏指紋，可能資訊量就很龐大。當我們調出指紋畫面，我們要看的不只是紋線的流動和形狀；汗孔、皮膚褶皺及疤痕也都獨一無二。我們縮小螢幕上的搜尋範圍後，就會調出原始的指紋組，並重複進行分析。我們每一次鑑別都會再跟另外兩位專家進行半盲確認，上法庭時，會再重複進行所有過程。我們的驗證過程非常可靠。

但是即使經過以上所有嚴謹地檢查和斟酌程序，指紋分析還是一直被視為**意見證據**（**opinion evidence**）。沒錯，指紋分析是基於最高級專家的判斷，指紋連結到錯誤人選的可能性非常低，但並不是零。根據其性質，意見證據無法提供絕對的確定性。2017 年，美國科學促進會（American Association for the Advancement of Science, AAAS）表示，「（檢查人員）應避免主張或暗示可能來源數量僅限於單一人選的說法。」類似「吻合」、「鑑定」、「個化」等用詞及其同義字，所暗示的含意都超出科學可支援的範圍。

不過，把人類這個因素完全排除於指紋分析之外，也不太可能讓

過程更加準確。事實上，許多研究已顯示，說到比對指紋，訓練有素檢查人員的表現都明顯優於任何自動系統。在我參訪期間，凡·皮爾不斷強調，紐西蘭的專家接受了 5 年紮實的訓練，精進他們的技能，但是她也坦承，即使是如此可靠的分析方法，也無法保證完全不會出錯。愈來愈多組織也會採用類似的「盲性驗證」步驟，降低偏誤的風險。把過程調整得更科學一點，似乎也是全球趨勢。洛桑大學（University of Lausanne）鑑識科學教授克里斯托夫·錢帕德（Christophe Champod）認為，有個方法可以辦得到，就是為指紋證據分配數學機率，這能使其更符合在法庭上呈現 DNA 證據的方式。有幾個以此為目標的數學模型正在發展中，雖然目前還沒有任何模型可以廣泛採用。

指紋還是會繼續被當做一種法庭上的鑑識證據，但還是希望透過這些努力，可以增進其可靠性和客觀性，同時也正式確立其並非萬無一失──就跟所有鑑識技術一樣。唯一可以有自信地宣稱兩組指紋「完全吻合」的人，只有虛構的電視警探吧。

## 觸摸

好的，我想我們已經盯著手上的乳突紋線夠久了。現在來談談為什麼人類會有這些紋線，以及它們的作用吧。也許說來令人意外，這些問題並沒有確切的答案，但是有兩個主流的理論。

從第一個主流理論特有的替用名稱就能對其本質稍微有點頭緒：**掌足凸紋（friction ridges）**。此理論的基礎認為，凸起的斗形紋、箕形紋和弧形紋複雜的網絡，控制著我們手指和任何接觸表面之間的相互摩擦。

換句話說，它們對手抓握和抓取的動作舉足輕重。雖然已經有上千份研究在探討這個概念，但是各項研究發現一直都大相逕庭，且常常互相矛盾。「部分原因在於很難設計出一套實驗可以讓我們準確測量我們需要測量的項目，但是那也反映出實際狀況，」麥特・卡雷（Matt Carré）在他謝菲爾德大學（University of Sheffield）的辦公室跟我說。卡雷是一名生物摩擦學家——他的研究領域是人體與周遭環境的摩擦互動，而皮膚是他主要鑽研的焦點。

「以摩擦力而言，當我端起我的咖啡杯，皮膚與杯子之間的界面就發生了很多互動。如果要在實驗室檢視這些互動，就得設法重現這個非常複雜之互動的基本要素。」對大部分研究人員而言，「基本要素」可概括成一根手指接觸到一個表面（或一組表面）。所以數十年來，他們打造出各式各樣的器械以提供這樣的配置，並測量產生作用的摩擦力。這些器械大半符合以下兩組之一，各組都有各自的優缺點：要麼是表面固定在一處，由手指移動；要麼手指不動，但是移動下方的表面。這兩種方法都依循摩擦實驗一項歷史悠久的傳統，需要在測量時將一個固體沿著另一固體摩擦，許多方法都提供了一些珍貴的見解。但是出於眾多原因，皮膚是特別具挑戰性的研究材料。

首先，就跟我們在第五章探討的輪胎一樣，皮膚有黏彈性。「它有點類似橡膠，」卡雷說。「我們手腳的皮膚比身體其他部位都還要明顯厚很多。所以皮膚的機制，以及定義其行為的特性並非線性的。」這代表皮膚並不會對物體施予穩定、不變的力量；其在負重時會變形，讓皮膚可以緊密接觸各種形狀和紋理。大致上，負重愈重，皮膚緊貼和順應表面的範圍愈大，可增加兩者間的實際接觸面積。這看起來可能很合理，假設我們愈用力把手指按壓在表面上，兩者間的摩擦力就愈大。但是一旦我們把乳突紋線納入討論，一切就變得更複雜了。

　　最近的一份研究中，一群中國研究人員認為，這些紋線對接觸是助力還是阻力，都取決於手指移動的方式。他們關注的重點是方向性，且希望可以探討手指在表面上往前滑時遭受的摩擦力是比往後滑更多或更少。在他們的實驗配置中，受試者放置手指時，食指會用已知的角度碰觸表面。有一根小金屬棒會從上往下輕輕壓住手指使之固定；這能確保不同的金屬表面在手指底下緩慢移動時，手指會施加特定的力量（或負重）。每次測試時，往後滑（相對於表面）的手指，摩擦係數都會比往前滑還高 [109]。為了釐清緣由，研究人員用玻璃表面和浸過墨水的手指重複同一個實驗，並研究所產生的指紋。他們在沿著表面往後滑的手指痕跡中，看到乳突紋線暈開，而往前推的手指痕跡，紋線則比較緊密。他們推斷，就是這個接觸面的變化——由乳突紋線皮膚的彈性操控——控制了摩擦。

　　卡雷在運動和醫學領域研究指腹摩擦超過十年，也探究了皮膚的黏彈性特性與其摩擦行為之間的關係。在一份研究中，他以一個運用吸盤的裝置，確認手掌上不同部位皮膚的擴張性——可以測試材料多容易變形。他發現這個度量指標和表皮最外層（角質層）的厚度之間有關係。角質層愈厚，皮膚愈能變形也愈有彈性。透過一些施力測量，他確認外層較厚的皮膚也產生了最高的摩擦力。在另一份研究中，卡雷證實摩擦力和皮膚可變形性之間的關係，會依手指壓在表面時的力道而異。力道偏小時，測得的摩擦力主要是遲滯（見第五章）——受力時，如橡膠的指腹會變形，並在表面上流動。但是力道增加時，指腹會開始失去其橡膠性，並變得僵硬。發生這樣的情形時，摩擦就會開始線性上升。

---

109　提醒：摩擦係數是一種系統特性——它是讓一種材料在另一種材料上滑動所需的力量值。所以除非你知道是哪兩種材料，否則此數值並沒有意義。

不出所料，表面的粗糙度也會影響皮膚與之接觸的程度。卡雷解釋，這就是為什麼「供行動不便的人使用的運動設備和輔具，常常在表面添加不同設計和圖樣的紋線。如此設計是假設這樣可以增進抓力，但是並不清楚其開發過程考量了多少科學因素。」卡雷與謝菲爾德和愛因荷芬的同事合作，開始更深入理解這些圖樣的影響，設計出刻有不同紋線的黃銅表面。他們測量發現，紋線又高又窄且間隔寬（分別是 2 公釐、6 公釐和 10 公釐──0.08 吋、0.2 吋和 0.4 吋）時，摩擦力最高，推斷那是因為指腹有顯著變形。但是摩擦力並不總是偏高；當手指在表面紋線上移動時，會週期性地下降和上升。最一致的摩擦力是在比較小、較緊密堆疊的紋線測得。「我們發現沒有最理想的圖樣，」卡雷繼續說；「一切都取決於物品的用途及抓握的方式。我們不一定都希望日常工作中總是遇到高摩擦係數。有時候摩擦係數較低但比較可靠，數值一致的效果才是最好的。」

　　影響皮膚摩擦最顯著的唯一因子似乎是有沒有水，不管是表面裡和表面上都是如此。「在實驗室，我們看到皮膚內水合作用的影響，尤其是在手上，」卡雷這麼說。「角質層（事實上是一層死皮細胞）可能天生的水合程度就非常不同，因人而異，或甚至在同一天的不同時間點就不一樣。大致上來說，水合作用較高的皮膚往往比較柔軟，相較於乾燥皮膚，其對表面產生的摩擦力較高。」多項研究都支持卡雷的經驗，並證實皮膚的結構特性對水氣非常敏感。材料周圍的空氣濕度上升時，材料會膨脹，並變得比較有彈性和堅韌。這會提高皮膚能與物體接觸的面積，增加其摩擦。

　　流汗也會對指腹的接觸機制造成影響。每一個乳突紋線的汗孔分泌出來的汗水，都會干擾互動，造成滑動的手指與光滑表面之間的摩擦係**數增加**大約一個量級。但是如果表面多孔且粗糙，像紙張，摩擦力往往

會隨時間下降。研究人員認為，這可能是因為當紙張的孔隙吸收汗水之後，紙張會變得「比較平滑」（類似序提到的微溼的沙）。無論涉及什麼表面，大家似乎都普遍認同有助抓握的濕度有一個理想範圍，大約是介於絕對乾燥和全濕之間。韓國的研究人員最近證實，當表面上有一層非常薄的水膜或汗液時摩擦力最高。一旦水量增加，「淹沒」了乳突紋線（在他們的案例中是大約高於 0.2 公釐 / 0.08 吋），那摩擦力就會暴跌。

　　該研究是運用聚矽氧手指模製品，而非真實的手指，因此忽略了一個可能的重要現象，只要曾經手洗一大堆髒碗盤，或度過漫長的一天，奢侈地泡熱水澡的人，都很熟悉的現象：指腹暫時變得皺巴巴的，像酸梅一樣皺成一團。2011 年，一群美國的研究人員證實，基本上只要泡在水中大約五分鐘，手指就會開始出現這些褶皺，可能有助於我們在過度潮溼的情況下抓握物品 [110]。團隊起初的構想認為褶皺的作用就像是雨胎的胎面塊，它們的渠道可以把水排出接觸面。當他們分析被水泡到起皺的手指影像時，他們發現不一樣的類比 —— 褶皺形態與許多河川流域的引流網絡之間有明顯的相似處。這個機制，加上皮膚的黏彈性，意味著當你抓一個潮溼的物體，許多液體會沿著褶皺被擠出，讓你的皮膚緊貼其表面。但是這些褶皺是否真的有助於抓握，還有很多地方有待商榷。有一份研究需要受試者把小型的泡水物體（釣魚鉛墜和玻璃彈珠）從一個容器移到另一個容器，研究結果推斷，褶皺**的確**有助於操作，受試者可以更快完成任務。一年後由不同研究團隊進行的類似研究則總結表示，有褶皺並**不會提高**靈敏度。一篇 2016 年發表的論文確認，濕褶皺其實會**降低**手指的摩擦力和抓握性能。

---

110　這種起皺現象在淡水中往往比在海水中還快出現。

所以目前來說，我們還無法真正斷言皺得像梅子的手指很有用。但是我們的確知道它們是怎麼形成的，且與你所想的相反，那跟水滲入皮膚使之膨脹一點關係都沒有。這些褶皺反而是深埋在表皮深處的血管收縮造成。就跟帳篷移走內部支撐後會塌陷差不多，萎縮的血管也會造成其上方的結構往內皺摺。乳突紋線皮膚複雜的內部結構限制了其塌陷程度，所以會產生與泡水有關的特有深溝。濕褶皺為何只發生在手和腳，主流理論認為是汗腺的關係（汗腺在表面之下，會與神經末梢的緻密網絡密切接觸）。泡在水中會引起汗腺發生化學變化，而這個變化會觸發這些神經元，導致血管收縮。這個過程不經任何意識思考就發生了；這全都要歸因於充滿我們手指神經的自主反應。神經元與水造成的褶皺形成之間的關係非常緊密，以至於好幾十年來，它們的存在都被當做手中神經功能的簡單測試。外科醫師發現，經歷感覺喪失的手指（因受傷或手術）泡在水中後往往會保持平滑，但是周圍皮膚卻如預期產生褶皺。在神經只是暫時損傷的案例中，只要那些手指開始恢復感覺，起皺能力也會恢復。

　　這項發現就帶到為什麼我們的手指會有紋線的第二個理論：其紋路增強了我們感受表面上細微特徵的能力。是時候來談談我們精巧的觸覺背後的感測器。

## 感知

　　現在請閉上雙眼。我想請你仔細地用觸覺摸索你手上現在拿著的書（或裝置），請描述摸起來的感覺。有多重？溫度跟你的皮膚差不多嗎？

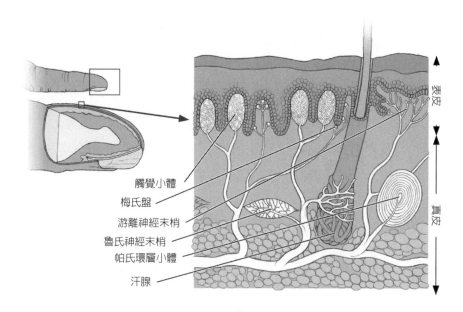

觸覺小體
梅氏盤
游離神經末梢
魯氏神經末梢
帕氏環層小體
汗腺

表皮

真皮

**圖 21：你的皮膚傑出的觸覺敏感性來自於其機械性受器。**

如果你往下壓，它會「回彈」嗎？你可以分辨其表面的任何材質紋理嗎？邊緣是什麼觸感——銳利還是圓滑？你能回答以上或更多的問題，是因為你皮膚內的多層組織是一系列複雜的感測器，稱為**機械性受器**（mechanoreceptors）。如其名，它們會蒐集皮膚接受到的所有機械力或刺激資訊，如壓力、運動或變形。接著把資訊經由相連的神經元傳至中樞神經系統處理[111]。以觸覺的相互作用而言，有四種主要的機械性受器類型，每一種都有自己古怪又充滿詩意的名稱。

---

111 機械性受器只是構成人體體感系統的五種受器之一，體感系統分布於我們的皮膚上。另外四個是溫度受器（可偵測溫度的變化）、本體受器（偵測身體與肢體的位置，以及自我運動）、化學受器（偵測化學變化——有助於我們品嚐食物與飲料）和疼痛受器。

我們都不知道，當我們在鍵盤上打字或感受物體的邊緣時，我們是透過我們的**梅氏盤**（Merkel discs）蒐集資訊。這是神經末梢束，位於相當靠近皮膚外表面的地方。全身上下不管是無毛或多毛的皮膚都有梅氏盤，但是因為它們在乳突紋線底下特別緻密堆疊，所以它們在指腹非常普遍。除了幫助我們辨別物體的邊緣和形狀，梅氏盤對質地變化也會有反應，而且它們對最細微的印痕極度敏感。它們也能察覺出低頻振動。梅氏盤被稱為「緩慢調適」的組織，意思是只要你觸摸一件物體的時間夠久，它們就會持續感應，並把資訊傳到大腦。

　　**觸覺小體**（Meissner corpuscles）就不一樣，如果沒有任何變化的話，觸覺小體會停止感應。這些是在我們手部皮膚最常見的受器，它們深埋在真皮的「朝內指紋」中。雖然它們對於靜態觸摸或皮膚持續接觸物體時不特別有幫助，但是觸覺小體對動態觸摸非常重要。所以不論何時，只要我們在一處表面上移動手指，這些豆狀的小體會蒐集重要的觸覺資訊。如果你曾經因為你覺得東西開始下滑而出於本能調整你的抓力，你得感謝的是「快速調適」的觸覺小體。它們的末端與表面垂直，所以皮膚受壓會讓小體變形；有些研究人員認為乳突紋線的形狀會放大此效應，造就小體的敏感性。另外，多項研究已證實，長期失明的人往往會有特別精細的觸覺小體；這通常歸因於這些受器判讀點字的重要性。

　　深埋在皮膚更深處的還有兩類機械性受器，兩種都負責感測壓力。第一個是**帕氏環層小體**（Pacinian corpuscles），乍看之下有點像觸覺小體，但是它們大多了，直徑 3～4 公釐（0.12～0.15 吋）。它們也會快速調適，速度更快，且對更微小的變形有反應。這能看出它們有助於我們區辨非常精細的紋理，尤其是手指移動時。早在 2009 年，法國的研究人員就設計出一個觸覺感測器，配備了大小、形狀和走向都

仿造人類手指乳突紋線的紋線。當他們把這個感測器滑過一個表面時，其產生了 200～300 赫茲的振動，正好是帕氏環層小體最靈敏的範圍。這份研究就是我們指腹的紋線有助於我們的受器尋找資訊之理論的來源。撰寫本章時，還沒有明確得到證實，不過後續的研究已提供一些支持。

　　**魯氏神經末梢**（**Ruffini endings**）是拼圖的最後一塊。它們是杏仁形狀的受器，可偵測持續的壓力和深觸覺，以及關節部位的皮膚伸展和變形。它們可提供手指位置的有用資訊，因此在抓力控制上，它們很重要。魯氏神經末梢也被認為可偵測溫熱感，這也許可以解釋為何燒傷的痛似乎殘留在皮膚表面之下。

　　這一群機械性受器聚集在一起，我們就可以出於本能地在我們的觸覺世界中操作物體[112]。每次我們的手指摸到一樣物品，這些極小的生物機器就會彎曲和屈曲，啟動無數的神經末梢，把各自的電訊號傳送到我們的大腦。我們的手掌也會交流資訊，我們指頭的位置和動作則會補充重要的探索線索。所以當我們往下壓一個物體，我們就能大概知道它的硬度，把它搬起來就能判斷它的重量。用手圈起物體就能大概知道整體形狀和容量，用手指摸索其邊緣便能得知更確切的細節。當我們來回移動手指，便揭露精細表面的質地，但是如果我們想要測量物體的溫度，則是靜態接觸效果最好。

　　短短百分之幾秒的時間內，這些訊號全都會混合成一道無縫的數據流送往大腦。大約經過跟眨眼差不多的時間，我們便已經能做出反應、

---

112　無毛的皮膚也含有游離神經末梢，對疼痛、極熱和極冷，及輕觸很敏感。第五種機械性受器是克氏終球（Krause end bulbs），據信也可感測低溫，但是關於其具體功能我只找到少少幾篇研究。

調整我們的手指及其強健但柔韌的皮膚，以維持適當的抓握程度。人類對觸覺刺激的反應比聽覺或視覺還快，可見我們感受的能力對我們的演化很重要，對我們的日常生活也一樣舉足輕重。然而，對這個世界上超過 3500 萬視覺受損的人而言，觸摸不只是單一的感官。

## 圓點

英國廣播公司電台第四台（BBC Radio 4）首次播送《魔戒》（The Lord of the Rings）的改編戲劇時，賽爾・歐摩德雷恩（Sile o'Modhrain）正在愛爾蘭就讀寄宿學校。她收聽了節目，對每一集都深深著迷，但是吸引她的並非史詩般的故事情節或甚至演員的表現。「音效實在好得驚人──是音效讓這齣戲如此特別。那就是一切的起點，我說真的。我開始迷上英國廣播公司無線電音樂工場（Radiophonic Workshop）製播的所有節目，心裡很清楚那就是我想做的工作。」歐摩德雷恩取得音樂學位和音樂碩士學位後，得到一個夢寐以求的工作──錄音室工程師，要為英國廣播公司製作廣播節目。

當時的錄音依然以磁帶記錄，所以剪接是要真的剪帶子，然後再把好幾段磁帶編接在一起。經過短短幾年時間，到了 1990 年代中期，所有做法徹底改變。「音訊開始進入數位時代，剪接工程突然需要用上眼睛，」歐摩德雷恩在電話中跟我閒聊時這麼說。「以前，我要剪接時可以在磁帶貼上我能摸到的標籤。但是現在工程師需要能在螢幕上移動游標，標示出聲波段。對我這個盲人而言，這是極大的轉變──事實上，這意味著我再也無法勝任我的工作。」

　　歐摩德雷恩搬到加州，在史丹佛大學音樂聲學電腦研究中心（Center for Computer Research in Music and Acoustics, CCRMA）攻讀博士學位，發現自己身邊環繞著「一群對數位音訊的未來思考得很深遠的厲害角色」。那讓歐摩德雷恩走上一條全新的路──而她現在依然在這條路上──做出更具觸感的音樂與數位界面。在她至今為止的職涯中，她研究了各方面的資訊，從有形的聲音地圖和量化樂器的「感覺」，到虛擬實境的手勢控制和供盲人使用者使用的網站瀏覽工具。她現在在密西根大學（University of Michigan）擔任表演藝術科技教授，正在努力研發可同時顯示文本與觸覺圖像的全頁式點字顯示器。

　　點字系統（braille）是運用觸覺閱讀和書寫的系統，是法國青少年路易・布萊葉（Louis Braille）就讀巴黎皇家青年盲人學院（Royal Institute for Blind Youth）時發明的。他聽說有一種軍事代碼系統叫做「夜語」（night writing），曾為拿破崙的軍隊所用。該系統以 12 個凸點為一組大字元（cell）的圖樣，讓部隊得以安全地（如果慢慢來）在天黑後分享簡單的訊息。路易在 1892 年發佈的版本比軍事代碼更簡單又更精細。他使用的是六點盲元（三點分成兩行），不同的點陣組合代表個別字母、數字或標點符號。他使用的盲元夠小，每一組盲元都能用一根手指的指腹涵蓋，所以就能讀得更快 [113]。目前使用的點字法基礎大多都沒變，儘管已經擴大應用到包含符號和數學運算符等內容。現在大部分經驗豐富的讀者是使用縮短式點字（contracted braille），這是一種速記系統，其中一些盲元代表常用字（例如你、那個、來自）而非單一字母。

---

[113] 布萊葉也用同一個系統開發出一種樂譜，每個排列組合都代表一個音符的音高和節奏。皇家盲人學院（Royal National Institute of Blind People, RNIB）的網站上有一個盲人點字音樂指引。

全頁式的印刷點字基本上大約有 1000 個六點盲元分佈於 25 行內文之中。讀者逐行從左到右移動他們的手，依序碰觸到盲元，雖然真正摸到點字的只有食指。有些研究要求人們同時用他們的食指和中指閱讀，但是這麼做並不會比較輕鬆，反而降低閱讀表現，使讀者更難辨認個別文字。

點字實際上是一種由規律間隔的圓頂狀圓點組成的組織，每個圓點高約 0.5 公釐（0.02 吋）。所以當指腹滑過一組盲元，皮膚會隨圓點而變形，產生一股摩擦力。但是如歐摩德雷恩在 2015 年的論文中所說，由於讀點字的典型做法是輕觸和側移，指腹與表面之間的接觸面會持續且快速改變，皮膚沒有易變到能在既定盲元的圓點之間「流動」。因此，是接觸面負責呈現「要讀取的特定點字字符特有的形狀」。已經有幾個研究關注這個不尋常的接觸與皮膚機械性受器反應之間的關係。其中之一是來自一群瑞典研究人員，他們認為乳突紋線在質地粗糙的表面上細微的滑動，至少是觸發梅氏盤和觸覺小體的部分原因。

「讀取點字是一個動態過程，」歐摩德雷恩這麼說。「心理學家大衛・卡茲（David Katz）在 1920 年代針對接觸到表面的指尖做了很多開創性的研究。他提到的其中一個重點是，如果你停止移動，觸覺產生的畫面或感受就會從視野中消失。換句話說，你必須移動才能感覺。」[114]。現今名為主動觸覺（active touch）的這個概念提到，當你的機械性受器可以從靜態或被動接觸蒐集一些寶貴的資訊，手或手指額外的動作就是讓我們的觸覺如此細膩地精準的原因。當我問到這是不是凸顯了感知（sensing）

---

114　大衛・卡茲針對觸覺的研究發表於《觸覺世界的結構》（Der Aufbau der Tastwelt，1925 年版）這本書中。在 1980 年代晚期，這本書出版了英譯本，書名為《觸摸的世界》〔The World of Touch，可以購買勞特里奇（Routledge）2016 年平裝版〕。

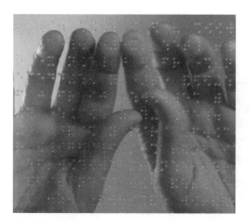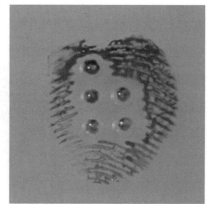

圖 22：讀取點字時，指腹會變形，呈現出每個字符或字彙的獨特形狀。

與感受（feeling）之間的差異，歐摩德雷恩回答我：「事實上是的。當你控制自己的動作，你對世界的畫面會更清晰。你主動探索一個表面時所獲得的知覺，會比有人緊貼你的手指移動物體還要更鮮明。」一份用來確認觸覺感測器在印刷點字閱讀所扮演的角色的研究發現，主動觸覺（受試者可沿著一行點字移動手指）產生的表現優於任何被動或靜態觸覺。歐摩德雷恩及其密西根的同事在他們用單行點字顯示器研究一群經驗豐富的點字讀者後也得到類似的結論。當指尖和點字表面之間有滑動接觸時，辨別錯誤的機率最低。

歐摩德雷恩說，這就是為什麼在靜止的手指之下刷新一組點字盲元的科技，經證實非常不受點字讀者青睞。「你移動指尖可獲得的資訊比運用凸點的點字陣列往上推入你靜止的手指還多很多。但是視力正常製造商還是不斷生產這類產品，天真地把它們吹捧成盲人電腦使用者真正的解方。」這樣的作風開始改變了。雖然有點遲，但大型科技公司愈來愈會雇用視覺障礙工程師和設計師，以確保它們的產品可以（且依然）

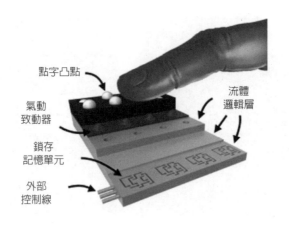

點字凸點

氣動
致動器

鎖存
記憶單元

外部
控制線

流體
邏輯層

圖 23：密西根團隊刷新點字的方法很特別，是使用小型液體通道產生的氣泡。

易於使用（accessible）。由視覺障礙研究學者（像歐摩德雷恩這樣的人）
推動的軟體開始離開實驗室，進入市場。這些努力有很多都構成更大的
目標，稱為「對神聖點字的追求」，旨在製造出低成本、全頁式、可刷
新的觸覺顯示器，類似電子閱讀器，但是是用點字凸點而非像素。她說
「這樣的產品開發對盲人意義重大，就跟視力正常的人要從命令行界面
轉換成圖形使用者界面一樣。」

　　目前市面上已經有少許單行、半頁和全頁點字顯示器可選購。大部
分是倚賴壓電雙壓電晶片（piezo bimorphs）這種裝置，接上電壓時它
們會彎曲。這個動作可以把凸點往上推經有孔的表面，產生各個點字字
符。雖然有效，但是雙壓電晶片需要大量後端電路才能運作，因此最終
的裝置大又笨重。目前的顯示器也貴到讓人想哭，半頁點字就高達 50000
美元（36000 英鎊）。我們需要的是更簡化也更平價的裝置，售價最好
是 1000 美元（700 英鎊）左右。所以密西根團隊〔歐摩德雷恩，機械
工程師布倫特・格里斯佩（Brent Gillespie）教授及亞歷山大・魯索曼諾

（Alexander Russomanno）博士〕不用雙壓電晶片，而改用一種運用氣泡的方法。「幾年前，布倫特說他發現一個方法，可以讓細小的氣泡在一個柔軟有彈性的薄膜內上下移動。那讓我們好奇，能不能透過那樣的運動驅動點字凸點，」她解釋。在他們目前的原型顯示器中，每一個點字凸點都位於一個極小、有薄膜覆蓋的空腔上方。原來這些空腔下方是有加壓液體流過的微通道網絡。當需要顯示特定的點字文字時，控制閥（類似電晶體）會打開，讓液體只流入相關的空腔內，就能把凸點往上推，形成字符。

「這個方法讓我們看到幾個好處，」歐摩德雷恩說。「首先，儘管通道小到需要用顯微鏡才看得到，但從製造的角度來看相對簡單。大部分都是成塊製造，而不是用不同零件組裝。內部也沒有機械零件，而致動器（氣泡腔）就直接位於凸點底下，所以只需要雙壓電晶片所需空間的一小部分。」我們聊天時，研究團隊已經做出一個小規模的裝置——大約是智慧型手機的一半大小——可以顯示大約 200 個凸點。目標是至少可以顯示 6000 個，但歐摩德雷恩很樂觀：「一切都能正常運轉。我們把基體、邏輯和氣泡整合在一起，而它們在氣閥的控制下可以驅動凸點。我們也安排了我們的供應鏈。我們幾乎已經進入可以開始擴大規模的階段……雖然這個階段也有相應的挑戰！」

其中一個挑戰會是選擇凸點的密度——每平方公分的理想凸點數量——以顯示文字點字和觸覺畫面。這之中需要做一些取捨。標準點字的圓點密度不夠高，無法提供地圖和圖表所需的平滑曲線或斜剖面線，但是如果點字盲元的圓點彼此太密集會更難區分，因此也更難閱讀。有些裝置製造商認為，使用比較細的尖頭凸點，可能是增加凸點密度的一種方法，所以歐摩德雷恩和她的同事開始比較這對讀者的點字知覺有什麼影響。他們用 3D 列印印出一系列的點字表面，每個文字使用六點盲元。

列印出來的文字分為三類——正常，每個圓點都用一個凸點代表（標準直徑或尖頭）；群狀，用四個尖頭凸點代表每個圓點；以及團狀，只能分辨出點字文字的大略形狀。團狀點字不受受試者喜愛，群狀凸點呈現的文字也一樣。「但是最後我們發現，讀者最在意的是圓點的數量及彼此的相對位置，」她說。「所以只要這些要素保持不變，我們可能可以把凸點調細一點，並提高密度。假如你是閱讀大量文本的話，尖頭凸點摸起來沒那麼舒服，但是用來呈現高密度圖表卻很適合。」

撰寫本章時，密西根團隊使用的是標準規格的凸點，但是歐摩德雷恩跟我說，只要他們繼續改良他們的系統，這些密度較高、較細的凸點有一天可能會成為內建選項。她的結語聽起來很有把握。

我有信心，不久的將來就能找到全頁式觸覺顯示器的解方。即使不是來自我們，也還有其他人會想出絕妙的點子，因為全世界有數百萬的潛在使用者，這很明顯有市場需求。運用語音的科技和單行顯示器只能帶我們走到目前的所在——它們依然需要盲人使用不斷組織資訊的思考方式。觸覺顯示器可以把部分責任分攤到裝置上，讓我們有更多方法與內容互動。而那將會是顛覆性的創舉。

## 觸覺介面

人類觸覺最了不起的一件事，是即使它倚賴我們皮膚內微小受器實際的變形，但是並不局限於我們的身體。或至少，我們有方法擴大其影響。每次我們使用一個工具，我們就能感覺到其末端發生什麼狀況。我們可以透過筆尖感受到紙的粗度，或透過鏟子的把手察覺土壤有多鬆或

多密實。這種能在一定距離感受的能力，能從我們並未直接接觸的物體捕捉觸覺線索，一直以來都深深吸引著研究人員的目光。直到 1960 年代，它才首先明確地連結到帕氏環層小體。人類每隻手大約有 2500 個這樣的機械性受器，分布於手指的數量約是手掌的兩倍。

它們的特性是對高頻率振動極度敏感，所以對這個所謂的「工具中介觸摸」特別重要。數不盡的研究現已證實，筆尖或鏟子邊緣挖掘表面所產生的振動會經由工具傳遞，進入手的帕氏環層小體網絡。之後在中樞神經系統發生什麼事仍有一些疑問，但是愈來愈多證據顯示，大腦運用非常類似的機制處理這些訊號，無論它們是直接接觸或有工具作為中介而產生。

雖然我們的觸覺會因為使用工具而沒那麼敏銳，但我們依然可以蒐集非常有用的資訊，如物體的硬度或剛性，並詳細瞭解其材質紋理和摩擦特性。就跟我們的指腹一樣，工具中介的觸摸如果是主動的，會比被動還要精確──手持工具在表面上移動所能獲知的資訊，比工具保持不動還要多非常多。

南加州大學（University of Southern California）計算機科學助理教授海瑟・考伯森（Heather Culbertson），就善加利用了這個特性。她開發的系統可以用一個手持的工具掃描和擷取表面的一些必要觸覺特徵，並在其他地方重現，這個工具非常像很粗的原子筆[115]。這項技術稱為**觸覺攝影（haptography）**，是「觸覺」（haptic，在希臘文中代表「碰觸」）和「攝影」（photography）的混成詞。考伯森是這個新興領域的重要人物之一。「基本上，觸覺攝影是對你之後想感受的有趣觸覺互動拍照，」

---

115　考伯森的前任顧問和長期合作夥伴凱瑟琳・J・庫奇貝克（Katherine J. Kuchenbecker）教授在 2011 年針對觸覺攝影申請原始專利。

她跟我說。「也許你想要重現某一塊布料的觸感，或一塊木頭、黏土或塑膠。」考伯森和她的研究夥伴甚至用來記錄博物館收藏品中的恐龍皮膚樣本，這樣一來其他地區的學童就能自己感受其觸感 [116]。

觸覺攝影的基本原理是準確擷取你在一個表面上拖拉工具所產生的振動——正是刺激我們帕氏環層小體的振動。但是擷取的同時也會蒐集到其他訊號，考伯森解釋：

> 觸覺是一種機械性感官。觸摸一項物品的行為會產生力量、振動和摩擦力。在我們的皮膚上，那些訊號是透過機械性受器偵測，但是在我們的觸覺攝影系統中，我們有一支筆，上面裝載一大堆感測器。當你在你感興趣的表面上移動這支筆，力量感測器會測量你的力道，位置感測器會偵測你位於表面的何處，而特化加速計可擷取表面紋理和硬度造成的獨特高頻率振動。

跟許多觸覺相關實驗不一樣，手持觸覺攝影筆的人可以隨意移動筆——他們不會受限於特定速度或力道。雖然這麼做會比較難處理數據，但是考伯森的研究顯示，這樣可以讓他們接下來創造的虛擬表面更寫實。「我們不能說某個物體或表面總是會產生某種感覺；我們只能說如果操作者是這樣互動，那它感覺起來是這樣。每個人都有自己的感知內在模型；他們會出於本能知道表面的感覺會依他們移動的方式而改變。我們並沒有要嘗試反抗這件事。」一旦擷取到觸覺數據，考伯森就把它切割成小段的時間段——長度數十毫秒——用來產生一

116　YouTube 上可看到考伯森助理教授在 2020 年的一段演說。搜尋「在保持社交距離的世界用觸覺介面溝通」（Haptics For Communication in a Socially Distanced World）就能看到。

個呈現那些互動的數學模型。那個模型之後可以用類似的筆重播，所以當筆在另一個表面上移動時就會振動。它也能調整以符合每個人的動作，隨著他們減速而減速，或當操作者壓得比較用力就增加振幅。由此產生的觸覺錯覺可以把顯示螢幕轉換成感覺起來像磚牆、一塊地毯或一個軟木板的表面。

考伯森已用她的觸覺攝影系統擷取超過 100 種不同表面的觸覺特性，在我們交談之際，她說產生的資料庫已經被下載「好幾千次」。他們目前並不打算把系統商品化，但是希望藉由開放免費取用模型和紋理資料庫，讓這項科技可以支援許多不同的應用程式。

這幾年來，考伯森一直致力於在虛擬和擴增實境環境中增加觸覺界面。在一項專案中，她的團隊設計出一個戴在手指上模擬重量感的裝置。他們（很有才地）把這個夾爪命名為「抓引提」（Grabity）[117]，是利用皮膚的變形和反作用力，讓夾起虛擬物品的體感更逼真。在另一項專案中，他們把焦點放在牙科，觸覺在這個領域舉足輕重。「牙醫師在檢查和手術過程中會透過觸覺互動接收到大量線索，所以那佔了他們訓練很大的一部分，」考伯森說。「不過，牙醫學生主要都是在塑膠的牙齒模型上練習，真實感相當有限。我們希望透過在模型上疊加虛擬觸覺訊號，增強那些實體模型，以重現蛀牙或牙菌斑或齲齒的感覺。」也有人認為觸覺攝影可以做為機器人輔助手術添加「觸覺回饋」的一種方式，這種手術是由人類外科醫師的手操作精密機器人器械，而非傳統的手術工具。

考伯森現在愈來愈把焦點放在製造出多模態紋理（multimodal textures），而這不只倚賴觸覺訊號。「在真空狀態下，你會失去感官；縱

---

117　按：是重力（gravity）及抓（grab）組成的混成詞，本文試著兼顧音義及雙關如此翻譯。

使有對周圍環境的感知，也很少是由單一感覺定義。所以當你與表面有紋路的物體互動，你看到的畫面會影響你的感受。」她最近發現了證據，支持曾在黑板上用粉筆書寫的人的經歷：說到工具中介觸覺，聲音特別重要。「無論要評估哪一種質地，聲音都會顯著增加寫實感。比起單靠觸覺線索，它可更完整地擷取紋理的粗糙度和硬度。」當然，那讓我們的工作更困難，但是卻可以反映人類觸覺的真實性——因為極其複雜，所以非常有趣。

* * *

我們的皮膚是一個界面，既把我們連結到周遭世界，也把我們與之分隔。這在我們的手上最明顯。從我們殘留的指紋，到我們可以從不同表面和物體蒐集到的繁多線索，我們的觸覺真的是獨一無二的導航工具。

第九章

# 緊密接觸
# Close Contact

　　我父親傑基（Jackie）退休前，是一名精密工業工程師，是受過專業訓練的工具匠。也就是說，我家車庫的抽屜裡總是裝滿有趣的新奇玩意。滑車（slider）與角鋼（angle）、螺絲釘和螺紋、水平儀和探頭；對於像我這樣充滿好奇心的孩子來說，那些工具箱就像裝滿珠寶的百寶箱。我很喜歡從中挑選零件，為每個零件發明用途。有一天下午，我爸媽的朋友搬了一個光亮又沉甸甸的木箱到我家。「這是我跟傑基借的，」他告訴我母親蘿絲瑪莉（Rosemary）。「我答應他我會小心使用。裡面所有東西一個都沒少！」我很想知道裡面裝了什麼，逮到機會就打開來偷看。裡面裝著超過 50 個矩形金屬塊（是鋼塊，我後來才知道），每一個都安放各自的卡槽裡，標示清楚，且按照大小排列。當我移動那個木箱，各個金屬塊的側邊吸引了我的目光，它們拋光細緻到像鏡子般反光。我等不及想拿一塊出來仔細瞧瞧。但是我太緊張了，所以直接蓋上蓋子上床睡覺。隔天早上，我爸把那個木箱帶去上班，但是吃晚飯時，他告訴我那些是塊規（gauge block），用來非常精準地測量長度。

　　往後快轉近 30 年，我發現自己身處紐西蘭度量橫標準實驗室（Measurement Standards Laboratory）的實驗室長椅上，身邊充滿好幾堆類似的箱子。「天啊，你說你有『很多』組塊規時不是在開玩笑耶，」我笑著對蘭尼斯・艾弗格林（Lenice Evergreen）說，她是長度標準器的研究工程師和專家。度量橫標準實驗室是一間度量衡機構，也就是說其

著重在量測的科學。身爲在英國相應機構〔英國國家物理實驗室（National Physical laboratory）〕度過培育時光的科學家，我非常喜歡參訪度量橫標準實驗室——感覺像回到家一樣。而我這次前往參訪終於可以親手接觸一些閃亮亮的塊規。「我們需要準備各種規格的塊規，以確保可以與送進來校正的物品相匹配，」艾弗格林打開幾個箱子讓我看內容物時這樣回答。「塊規總是由堅實的材料製成，通常是以下三種。硬化鋼在工場很受歡迎且相對平價，陶瓷——就是這些白色的塊規——可以抗腐蝕，或非常耐磨的碳化鎢。」

由瑞典工程師卡爾·愛德華·約翰頌（Carl Edvard Johansson）在十九世紀末發明的塊規（也暱稱爲「約規」（Jo blocks）以紀念他），既平凡又奇特。艾弗格林跟我說，它們可說是工業測量的骨幹，「大部分製造工場都用這種方式確認和比較加工組件的長度，並用來校正他們的設備。」它們通常很油膩，塗滿保養油或凡士林凝膠，大小剛好可完全卡進卡槽。只要花個幾百元就能買到基本套組。但是塊規也是一個精密工具組；它們光亮的兩側互相平行且超平坦，兩者間的距離是出了名的極爲準確。所以每一個塊規就是自身的測量工具。它們也能堆在一起，組成更多不同的長度，你就能眞正見識到它們地位特殊之處。

把塊規堆疊在一起的過程稱爲**扭合（wringing）**。首先先選出可以組成你目標長度的最少量塊規——例如你想要的長度是 9.6 公釐，那你可以選一塊 6.5 公釐，一塊 3.1 公釐的塊規——清潔一下，去除厚重黏稠的保護層。「現在先來試試乾扭合吧，」艾弗格林在一旁說，度量衡見習生妮娜·若恩斯基（Nina Wronski）同時遞給我一瓶乙醇和幾張紙巾。艾弗格林接著把兩塊剛清潔好的塊規放在一起，讓拋光面交叉接成十字形；再從一邊滑到另一邊，緩慢旋轉，她漸漸把兩塊塊規完全對齊，然後鬆開其中一塊。它們依然黏在一起。「現在換你試試看，」她指著我眼前

圖 24：我第一次嘗試塊規扭合。我的對齊能力還有進步空間！

的箱子對我說。「只要確保你扭合時稍微壓一下塊規就行了。」我選出
兩塊塊規，用乙醇仔細清潔，並遵照她的指示試試看。我的對齊功力還
有很多進步空間，但是兩塊塊規終究還是扭合在一起了。讓我感到吃驚
的是它們**黏得有多緊**。我心裡明白這是預料中的事，我在演示時有看到
示意圖，約翰頌（Johansson）用一對扭合的塊規吊起 90 公斤（200 磅）
以上的砝碼 [118]。但是沒有什麼比得上自己親眼見識。我對著那些塊規又
拖又拉，直到我差點扭傷肌肉（我能說什麼，我就是這麼好勝！），但
它們依然無動於衷。若恩斯基笑著說，「你需要把它們扭回交叉的位置」。
我費了一點力，但總算成功了，塊規分開了。她繼續說，「我有一次也

---

118　《塊規的歷史》（The History of Gauge Blocks）這本書是精密儀器製造商三豐儀器（Mitutoyo）
的小手冊，於 2015 年出版電子書，現在仍可在公司網站上免費下載。

是在處理塊規，設法把它們緊緊扭合，緊到我不管怎麼扭都分不開。最後我們只得把它們泡在溶劑中一整夜！」

與人們普遍的認知相反，扭合完好的塊規之間的鍵結跟磁性一點關係都沒有。塊規往往是用無磁性的材料製成，就算是鋼製，當你把兩塊塊規放在一起時，也完全不會感覺到任何吸力增強的現象。也沒有證據顯示塊規之間的空氣被擠出形成真空，也沒有人認為兩種材料間有任何化學反應發生。所以到底是怎麼回事？

最常提到的潛在機制有兩個。一個是塊規表面可能存在的液體造成的黏著力。在乾扭合的情況下，這有可能是空氣中的水蒸氣，但是大部分的實際做法會用一種中間油扭合塊規，如艾弗格林示範的那樣。「在其中一塊塊規上滴一小滴油，然後把兩塊貼在一起。現在你必須讓兩塊塊規互相滑動，讓油膜均勻分布。」她把塊規遞給我。「如果你現在滑動兩塊塊規，應該會出現彷彿用刀切起司的感覺？」描述得真是貼切。「現在我們把它們分開，輕輕擦掉其中一塊的油，再次把兩塊貼在一起。重複這個做法，直到它們相黏——那就是你真正做到清潔扭合（clean wring）的方法。」即使你滴在塊規上的油量非常少，但是其分子的黏著力會產生一股足以讓兩塊塊規聚合在一起的力量。另一個有人認為的可能來源是某種分子吸引力，也許跟第二章壁虎利用的凡得瓦力一樣。這只有在塊規非常平滑且完全乾燥，兩者間的表面完全接觸的情況下才有可能發生。分子力也能解釋為何塊規相接觸的時間愈久，就愈難分開。「正因如此，用完塊規就趕快分開才會那麼重要，還要塗上保養液，」若恩斯基說。

不過到頭來，我們還是無法肯定說出這些塊規扭合在一起的原因，因為我們自己也不知道。或是如國家標準與技術研究院（National Institute of Standards and Technology）的計量學家所說，「實際上，

我們可以描述扭合膜的長度特性，但是我們對過程中牽涉到的物理學並沒有更深入的理解……關於塊規扭合，從來沒有明確可靠的物理學解釋。」

　　目前，當你得知精密長度測量等常見又與工業相關的事物核心竟然有無法解釋的謎團，也許不太會感到震驚了。畢竟，在這本書中我們談了無數個發生在表面上和表面之間的有趣互動。我們已經探究當材料互相接觸時的概念——無論是在水面上航行的船，或在地殼內部深處碰撞的岩塊——令人吃驚的科學比比皆是。但還是有些更根本的概念需要思考：當我們說兩個物品「互相接觸」，真正的意思是什麼？

　　很有可能連乾燥、完好扭合的塊規，在兩塊塊規之間都有薄如奈米的水膜存在——這樣的話，它們真的有碰在一起嗎？那粗糙的表面又怎麼說，例如冰壺的滑行帶及一層小碎冰之間——它們真的互相接觸的程度有多少？接觸的性質也會對摩擦產生龐大影響，儘管我們經常談及這個話題，但它依然被籠罩於科學的奧妙之中。在本書最後這一章，我想透過只檢視微小事物的方式，揭開一些表面接觸的謎團：把鏡頭拉近到單一原子的尺度，讓我們得以想像最緊密的接觸。


## 焊接


　　首先，我要先稍微離題談一下木星。NASA 在 1989 年發射的伽利略號太空船（Galileo）讓人類首次短暫進入我們太陽系最大星球的大氣層。伽利略號有個主要的溝通工具，高增益天線（high-gain antenna）——是個有一連串骨架支撐的鋼絲網盤，很像一把非常大的雨傘。在準備至發

射期間，它都存放在一個密閉的地點。直到離開地球 8 個月後，與骨架相接的馬達才把它們往外推，展開天線，讓太空船可以在漫長的旅程中與地球保持聯繫。但是展開天線的那天遇到一個問題──天線的骨架有三支無法打開，因此整個網盤變得傾斜，最終無法使用。由於沒辦法恢復和修復太空船，必須重新使用沒那麼強大的低增益天線。神奇的是，儘管遭遇這樣的挫折，這趟任務還是繼續進行，達成 70% 的原定科學目標。但是跟我們的關注重點最有關聯的，是為什麼天線會卡住。NASA進行幾項研究後，推斷固定骨架的鈦栓跟它們的鎳合金插口發生**冷焊**（**cold weld**）了。也就是金屬相融在一起，而天線的馬達沒有任何力量可以把它們分開。

一對金屬之間並不會自然發生冷焊。需要符合特定的條件：首先，金屬要完全裸露，沒有表面髒汙，且沒有金屬接觸到空氣就會形成的自然生成氧化層。第二，至少其中一個金屬需要真正受壓，並經歷某種變形。最後，兩個金屬間必須要有相對運動和摩擦。而伽利略號的天線系統正好滿足所有條件。插梢──外表有陶瓷塗層和潤滑劑──被緊緊推入它們的插口中。這會導致插梢隨著時間過去而變形，外面的塗層破裂，金屬外露。而每次卡車把天線運送到不同的 NASA 機構時，這個狀況都會惡化，組件之間會發生相對運動，且特定的骨架會承受大量壓力[119]。太空船發射，穿過大氣層，進入太空真空時，插梢組件會經歷劇烈振動，導致它們互相摩擦──但是這次沒有任何保護性氧化物。套用物理學家理察・費曼（Richard Feynman）的話，他認為在這樣的情況下，原子「不

---

119 伽利略號完成最後組裝到真正發射歷經 4 年以上的時間，據信塗層就是因此被侵蝕。會延遲這麼久是因為 1986 年發生的太空梭災難──失去了挑戰者號（Challenger）及所有組員的性命。

知道」自己來自不同的金屬，所以它們隨意混合，就形成了冷焊。

　　這是最緊密的一種接觸——兩塊金屬合而為一，兩者間沒有明顯的接合點或界面。這個現象首次正式問世是在 1940 年代，由調查真空艙中金屬間的互動的研究人員提出。鎳、鐵和白金樣本都被發現滑動在一起時會顯著增加摩擦係數。當接觸的強度與金屬的體強度（bulk strenghth）相符時，就會發生「完全咬合」的狀況；換句話說，接合點在機械上與材料的其餘部分沒有區別。之後的一份研究顯示，成對的不同金屬，以及在各種受控大氣壓之下「剛切下的鈦」，也會發生相同的過程。1991年，哈佛科學家在戶外演示冷焊，使用的範例是兩層薄黃金，由一片有彈性的固體薄片支撐。

　　從那時開始，冷焊研究大多聚焦於奈米級，非常近距離地探索少量原子，以更深入理解這些焊接形成的原因。這類研究的動機不只是出於科學上的好奇心。許多現代科技——每支智慧型手機、噴墨印表機、遊戲控制器、汽車、飛機、電表，以及愈來愈多的醫療儀器——早已倚賴難以察覺的小型微機械系統，材料的相對移動會參與其中運作。規模更小的儀器世代可能即將問世，因此日後將會隨之帶來全新的製造挑戰[120]。你不能只是把奈米碳管栓在一起，或在一堆銀奈米粒子中加入黏膠來組裝結構；你要用雷射和高壓電才能形成接合點。可是就算裝得起來，這些方法也不精密，產生的熱可能會傷害到材料。利用如冷焊等可以在非常低溫下進行的技術，可能會改變奈米機械裝置所謂的「從下而上組裝」（bottom-up assembly）。

---

[120]　純電子裝置（沒有活動零件）早已是用這種尺度製造。截至 2020 年，三星（Samsung）生產的電腦晶片組件直徑只有 5 奈米。在標準的原子筆筆尖（直徑 0.5 公釐）上，你可以放 10 萬個如此大小的晶片。

2010 年，萊斯大學（Rice University）的盧軍（Jun Lou，音譯）教授帶領一群研究團隊，證實這是辦得到的。他們選用的工具是一系列超薄的黃金奈米線，全部的直徑都不到 10 奈米（0‧00001 公釐）。在他們的實驗中，他們在名為穿透式電子顯微鏡（transmission electron microscope, TEM）的影像系統內，把奈米線放在兩枚樣本探頭上。這些探頭會朝向彼此小心移動並對正，讓黃金奈米線可以「頭對頭」或「側對側」的相接。在互相接觸的 1.5 秒內就會看到每條奈米線的黃金融合在一起，34 秒後，這個過程完成了──焊接處看起來跟奈米線其餘部分沒什麼兩樣，沒有肉眼可見的缺口。為了測試焊接的強度，研究人員分開兩個探頭。黃金奈米線並沒有從接合點斷開，反而是斷在其他位置，作者因此推斷，「焊接狀態的結構跟原本奈米線的強度一樣。」盧教授與他的團隊也將他們焊接的導線通電，測試其電力特性。結果發現原始奈米線與冷焊在一起的奈米線並沒有傳導性方面的差異。也就是說，這兩段金屬結構真的合而為一。

　　盧教授相信現在普遍獲得認同的幾個機制就是冷焊的基本原理。其一是**擴散**（**diffusion**），牽涉到兩個相鄰材料間的原子逐步移動。如果是固態金屬，這會在室溫下發生。讓原子只要溫度高於絕對零度都能保持抖動的熱能，也能讓它們移動。在金屬與金屬相接觸的情況下，那些原子甚至可以橋接微小（小於 0.3 奈米）的間隙。正是這個過程賦予焊接點初步的黏性。下個步驟是**表面鬆弛**（**surface relaxation**），附近其餘的黃金原子〔在奈米線中會排列成稱為晶格（lattice）的格狀〕會重新調整自己的位置，以容納新闖入的原子。這個過程比較緩慢，但是能固化焊接點，使其結構與奈米線其餘部分一致。盧教授發現，兩條奈米線的晶格走向相似時，焊接速度比晶格走向不一致更快也更容易。用成對銀奈米線焊接的結果看起來也很不錯，用金與銀焊接也是。此研究是第一個以

實驗演示奈米尺度的冷焊，但肯定不是最後一個。之後還有其他人前仆後繼地追隨他們的腳步，探索此過程的不同面向。有些是使用冷焊的銀奈米線，打造出有彈性、透明的電裝置。有的則設計出相當於奈米尺度的套筒軸承（常用來減少滑動物體間摩擦力的零件）。要在商用設備上完全利用此室溫逐原子的焊接技術，我們還需要繼續努力，但是進展已經相對快速。

　　盧教授的研究不只爲奈米技術打開一扇通往新工具的門；還爲我們帶來獨特的見解，用不同的角度看待兩種材料相遇時可能發生的狀況。透過研究團隊搭配論文製作的影片，我們得以看到這些作用發生時的原子互動，並觀察它們隨時間的發展。但是即使是如穿透式電子顯微鏡這樣令人佩服的技術，還是有其限制。其影像是二維的；是一塊界面的剖面而非整體形狀。如果我們想要研究原子的相互作用，並探究摩擦的本質，那切片無法提供充分的情資。我們需要採取不同的方法。

## 潤滑油

　　加州大學美熹德分校（University of California Merced）的機械工程師艾希莉・馬提尼（Ashlie Martini）教授告訴我：

儘管人們幾千年來一直在操縱表面，但是兩個表面相接觸時究竟發生什麼事，依然還有許多疑問未解。原因相當簡單；你無法真的看到接觸區或直接測量。畢竟，接觸面被夾在兩個固體表面之間。所以我們必須透過間接途徑推斷接觸面的狀況——偵測溫度、摩擦

力、電傳導，或黏合強度的變化。然後把偵測到的結果放入可能是或不是眞正的數學模型中。有鑑於涉及的挑戰，接觸的定義如此有爭議並不令人意外。

粗糙表面尤是如此，因爲兩個表面只有高點實際接觸，「眞正的」接觸面只佔總面積的一小部分。如我們在第五章輪胎看到的，當我們對接觸面施加額外的壓縮力，有時候可以增加眞正的接觸面，讓表面的原子更集中，最終增加兩個表面間的摩擦。

那樣的摩擦可能需要付出龐大的代價。根據一份由兩位摩擦學（你可能還記得，是摩擦或滑動的科學）教授完成的研究，全世界每年消耗的總能量有超過五分之一是花在克服摩擦力上。光是運輸業，摩擦損失就大約佔所有使用能量的30%。工業應用往往會採取明顯低科技的方法管理摩擦力，如馬提尼的解釋：「大部分機械系統的目的是以某個方法促進運動。而潤滑劑是最簡單的方法，因爲可以降低兩個表面相對運動的摩擦係數。」

潤滑劑一般都是以液態或固態的劑型塗抹，塗抹之後可眞正分開兩個表面，讓它們更滑以便滑動。人類用潤滑劑塗抹接觸面的時間很有可能已經有四千年了。在蘇美爾戰車的承軸曾經發現動物脂肪的痕跡，還有我們在序提到的，古埃及石墓牆上的壁畫顯示液態潤滑劑有助於運輸重物。現代潤滑劑更爲多元和奇異，從風車轉動到你電腦硬碟裡的轉盤，各種明確的需求都有特定的配方可選用。

「它們很有效，」馬提尼說，「但是幾乎在所有歷史中，它們都是經由試誤的過程設計、開發和精製，而非科學方法。」這樣的做法開始變了，部分多虧我們愈來愈希望開發出更小且更有效率的裝置。「過往習慣的做法是使用愈多油脂愈好，才能分開相接觸的表面。但是厚厚

的潤滑劑又黏又稠，可能反而增加摩擦力——這正是你不想要的結果。而完全沒有潤滑層的另一端，摩擦力也很高。」馬提尼跟我說，最佳位置就位於兩個極端中間的某一處——只要你慎選你的材料，就能在兩個表面間找到保持低摩擦力的潤滑膜，儘管只隔開不到幾十奈米的距離。「潤滑薄膜正好位於那個邊界，所以只要少量潤滑劑就能提供優秀的能量效率。現在這時代，什麼都講求節能，因此想要省油又追求環保的駕駛確實迫使我們再次關注這些材料，只是這次是從更科學的角度。」

馬提尼有良好的職位可以為這項任務出一份力。十幾年來，她的摩擦學實驗室一直在思考各種尺度的摩擦、潤滑和磨耗，致力於更深刻理解潛在的機制。她探索的許多材料中，有兩個固態潤滑劑的超級明星——二硫化鉬（molybdenum disulfide，$MoS_2$）和石墨，也就是跟鉛筆裡的「鉛」形式一樣的碳。兩種都是層狀材料，意思是它們會透過類似的機制變滑。組成它們結構的堆疊原子薄片彼此鬆散地相接。當你對這些材料施予剪力，它們的薄片會相互滑動，跟你推一疊撲克牌會發生的狀況一樣，雖然摩擦力少多了。

兩種材料的差異之處在於對氧氣的反應。石墨在大氣條件下的效能很好，因為當其薄片的邊緣與空氣中的氧氣產生鍵結時，會變得比較光滑，比較容易滑動。二硫化鉬則是相反——與氧氣的反應會使其薄片聚合成塊，且尺寸變大。因此，這些材料的使用方式相當不同。你可以在大部分五金行和電子材料行找到石墨潤滑劑，但二硫化鉬往往是供太空應用[121]。潤滑劑塗層的厚度會依具體需求而異，但是精密製造的機械系

---

121　馬提尼與 NASA 的噴氣推進實驗室合作，研發和測試一種特定形式的二硫化鉬乾燥潤滑劑，以供火星探測器毅力號（Perseverance）使用。可以在 YouTube 搜尋「艾希莉・馬提尼的乾膜潤滑劑壽命」（Ashlie Martini dry film lubricant life），看她分享她的研究。

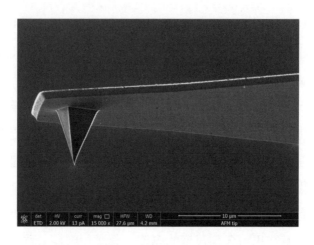

圖 25：典型原子力顯微鏡針尖的影像。底部的橫條長度為 10 微米或 0.01 公釐。

統內的零件之間，大約 2 ～ 5 微米（2000 ～ 5000 奈米，或 0.002 ～ 0.005 公釐）就相當典型了。這厚度比肉眼可區辨的厚度還要薄很多，但是以原子的標準來看依然很巨大。要測試像這樣的塗層，典型的做法是旋轉或滑動其樣本至一個小的硬質插梢之下，並測量一段時間內的摩擦係數變化。

　　同樣作法以奈米尺度實行，用來戳潤滑劑薄膜中原子層時，稱為原子力顯微鏡（atomic force microscope，AFM）。由其名可知，這種顯微鏡可以檢視原子之間的力量；說得更具體一點，它可感覺到作用於非常銳利的尖端末梢（探針）及要研究的表面上（樣本）原子之間的力量。我們之後會再回來談原子力顯微鏡的細節，現在，先把探針想像成一個電唱機的小型手臂和唱針，針尖頂點僅寬一或兩個原子。當針尖掃過一個樣本的表面時，會慢慢建構出該表面的 3D 影像，並測量各種不同的特性（取決於配置），包括摩擦力。這個工具讓科學家得以確認石墨和二硫化鉬即使只有非常少的原子真的接觸到表面，仍

能保持其潤滑性能 [122]。

如果你曾聽過石墨烯（graphene）這種材料，你可能已經知道那是一種單原子厚的碳。所以它也是石墨在奈米界的手足 —— 你鉛筆裡的鉛基本上是由好幾十萬片石墨烯組成。但是單一層薄片被分離出來後，會增加許多令人印象深刻的特性 —— 光透性、超強度，且導熱、導電性都很高。2011 年，一群韓國科學家把一系列石墨烯薄膜拿去進行動摩擦測試，試圖找出它們是否可以在清單上再加上「優良的潤滑劑」這項特性。

雖然塗有單片石墨烯的表面摩擦力的確比較低，但是用 2 ～ 10 片薄片組成的較厚石墨烯膜卻有更低的摩擦力。哥倫比亞大學（Columbia University）的研究人員測量了石墨烯、二硫化鉬和另外兩種原子薄度材料的摩擦特徵，得到差不多的觀測結果。在他們的實驗中，無論是什麼材料，只要原子薄片的數量低於 5 左右，摩擦力就會開始上升。2019 年，德國摩擦學家用石墨烯潤滑滾珠軸承與鋼面之間的接觸面後，進一步支持了這個結果。當時使用了大約 3 ～ 5 片原子薄片厚度的石墨烯薄片，使摩擦力達到整體下降的最大幅度。5 片二硫化鉬薄片測出來的厚度才 3 奈米多一點；石墨烯則是將近 1.7 奈米。我們在說的是真的非常微小的尺度，但是即使是這麼小的規模，如果你追求的是超低摩擦力，多幾片光滑面的效果似乎還是比只有一片好。這預示著這些材料在小型機械設備中當做潤滑劑的潛在用途相當好。但是從我們想要更加瞭解摩擦力的角度而言，一片薄片就夠了。

---

122　這不是能直接推斷的事實。許多材料在奈米尺度下會改變它們的表現。黃金會用於珠寶的其中一個原因就是它很穩定 —— 不像許多其他金屬會氧化或產生反應。但是黃金的奈米粒子非常活躍，可用來加速其他化學反應。

# 分層

　　就跟測量較大尺度摩擦力用的插梢一樣，原子力顯微鏡的針尖也可能因爲滑過表面而受損。它們對表面化學和濕度的變化也很敏感，因此很難可靠地比較不同樣本間的測量結果，或甚至在不同天進行的檢測。馬提尼因此得到靈感，設計出一個獨特的實驗——石墨烯與二硫化鉬這兩種低摩擦力奈米材料的頭對頭實驗。「從來沒有人能用同一組原子力顯微鏡掃描測量兩種材料的摩擦特性，」她說。「但是我來自賓州的合作夥伴羅伯·卡皮克（Rob Carpick）和查理·強森（Charlie Johnson）設計出一組精美的樣本和實驗，讓我們可以這麼做。」該樣本有一層石墨烯。一層二硫化鉬，兩者部分重疊。原子力顯微鏡每一次掃描，針尖都會滑過兩種材料及交疊的區域，並測量摩擦力。雖然測量結果是在無氧環境下進行，才不會對二硫化鉬不利，石墨烯的表現依然比較優異，在他們使用的針尖之下，不管給予多少負重，其摩擦力都最低。

　　這個實驗和其他近期的原子力顯微鏡研究還展現了其他結果。說到摩擦力，原子薄片沒有你想得那麼光滑。我們在第六章有談到黏滑摩擦（stick-slip friction）及其在地震的角色，但是從 1987 年起，大家就知道奈米尺度也有這種摩擦力。IBM 的研究人員用原子力顯微鏡針尖掃描超平坦的石墨樣本時，發現它們整個平面的摩擦力並不是全都一致，不同部位的摩擦力差異很大，且以鋸齒狀模式起伏變化。這個結果顯示，針尖的動作是走走停停，有時候會跟著表面移動，有時候則是滑過表面。不只如此，他們還意識到這種黏滑摩擦力的週期性——在他們圖表上高

峰與高峰之間的距離——與石墨晶格的碳原子之間的距離相符。這份研究很重要，因爲它明顯呈現出摩擦力的原子起源。摩擦不只發生在微小凹凸且會相互研磨的粗糙表面上；它還有更深的淵源，且即使是在毫無粗糙起伏的平坦表面的最平坦部位之間依然會發揮作用。這些阻力似乎是材料內蘊的本質，可能受到原子結構影響。因此，此研究的結果挑戰了眾多我們對此尺度摩擦力的認知，也激勵大家更新用以描述原子碰撞狀況的理論模型。

從那時候起，IBM 實驗就成功在二硫化鉬、雲母、黃金和氯化鈉（又名食鹽）等各式各樣材料及不同的環境中重現。這代表眞正的影響不只是碳材料的超能力。但是在那些支持性研究中，不管是針尖尺寸、硬度和形狀的影響，乃至這種間歇接觸中能量儲存與釋放的確切機制，得到的結論都互相矛盾。原子級的黏滑摩擦背後的物理學還未完全有定論。

有一項發現倒是引起大量關注，研究發現，在原子級平整的材料上測得的摩擦力對針尖的滑動方向很敏感。這讓人們好奇，改變原子的相對位置，是否可「微調」兩個移動面之間的原子摩擦。荷蘭科學家率先在 2004 年以實驗演示這個效應。他們在一個針尖下方旋轉一塊石墨樣本，測量各個走向的樣本的摩擦力。當他們繪製測量結果，發現有兩個高摩擦的窄峰，中間間隔一大塊區塊，此區塊的摩擦竟然降到趨近零。進行各種不同的測試之後，他們推斷，針尖不知怎麼地夾起一片石墨片，會出現兩個高摩擦的高峰是因爲石墨片與樣本的原子晶格完全對正。而在這些晶格錯置的地方，摩擦卻全都消失了——石墨片可以無阻力地滑過樣本上方。

一般常用兩個蛋盒相互滑動的例子來說明此現象。有時候，兩個波

狀表面會互鎖，使摩擦達到最大，造成所有動作逐漸停下來。不過，如果稍微旋轉其中一個蛋盒，彼此的凹凸起伏就不再正對；所以，蛋盒就較容易滑動，而不會劇烈震動，兩個蛋盒間的摩擦就會顯著下降。這個效應稱為**結構超潤滑（structural superlubricity）**，（主要是在上氣不接下氣的新聞稿中）被吹捧成解決所有摩擦問題的解答：在機械系統中戰勝能量損失的方法。

「我對超潤滑沒那麼狂熱，」當我問馬提尼這個效應的含意時，她回答我。「沒錯，超潤滑引起我的興趣，因為我專門研究原子摩擦力，但是我懷疑其中有點炒作的成分。我也有可能是錯的，但是我不認為其中能有幾項研究可在實際條件下的真實機械零件上重現。」我一頭栽進結構超潤滑的科學文獻後，認為這似乎是相當公允的評論。因為該效應對個別原子的相對位置如此敏感，卻往往只發生在高度受控環境中的潔淨表面上。只要有任何髒汙或水氣都會造成干擾，甚至溫度上升都有影響。此外，目前已發表的超潤滑研究主要都是使用單一類材料——碳，只是用各種不同的形式。在 Google 學術搜尋上大略看一下，就能找到各式各樣的論文，從鑽石奈米粒子和石墨烯之間的互動，到滑開嵌套的奈米碳管[123]。我猜碳基材料為什麼這麼受青睞呢？我想是因為石墨被當做潤滑劑已經有幾十年的時間，所以其特性廣為人知。而且多虧近年來材料合成的發展，現在要製造大量的碳奈米結構相對容易多了。

但是，馬提尼說，還少了一塊還沒拼出來。

*實際上，你不可能找到一塊完美、無限大的石墨烯層可以滑過。材*

---

123　在 2020 年 12 月 18 日針對碳相關結構超潤滑進行 Google 學術搜尋，找到 3250 筆結果（排除專利文件與引用）。搜尋「結構超潤滑」總共得到 4140 筆結果。

料總是會有缺陷，如臺階邊緣——一層終止，另一層開始之處。我們想展現的是，你們看，即使是具備超級特性的超級材料，還是有需要克服的問題。主要挑戰會是這些無所不在的臺階邊緣突然改變的摩擦力。

2019 年，馬提尼和她的合作夥伴金勝鎬（Seong H. Kim，音譯）發表了一系列論文探究這個主題，結果令他們吃驚。

他們的實驗使用原子級平整的石墨表面，有部分蓋了一層石墨烯薄片。這樣一來就形成一個臺階，高度為 0.34 奈米，他們就能用原子力顯微鏡的針尖掃描並測量摩擦力。有幾次掃描，針尖會從石墨往上移動到覆蓋於其上的石墨烯。有幾次掃描，針尖則往下移動。他們原本預期的狀況是什麼呢，馬提尼畫出平行線，說明我們人類怎麼上下樓梯：「當你上樓梯，把自己從一階往上抬到另一階，需要耗費能量。往下踩一階則比較輕鬆，因為重力會幫你的忙。」雖然石墨烯薄片之間沒有重力作用——個別原子的質量非常小，因此重力不會對它們施以任何實際的拉力——但她解釋說，高度變化可能依然會有影響。「如果我們只看這個實驗裝置的形貌，可以預期當針尖往上滑過一個臺階邊緣時，會測量到阻力或高摩擦力，往下滑時則是低摩擦力或沒有阻力。」

他們在兩塊平坦表面上分別都測量到特別低的滑動摩擦係數：0.003，不到兩塊極滑的鐵弗龍之間摩擦力的十分之一 [124]。這證實了碳材料的超潤滑特性。

---

124　前往 Hypertextbook.com 這個網站，可查閱鐵弗龍與鐵弗龍相互滑動之 $\mu$ 值統整表格。

不過在臺階邊緣附近，情況改變了。當針尖往上爬上臺階，他們看到一個很大的波峰——摩擦力上升超過 30 倍。目前爲止都還在預料中。但是當針尖往下時，情況卻變得相當複雜。「我們發現，往下也會有阻力！比上臺階還小得多，所以形貌的確有幫助，但是摩擦力依然增加了，」馬提尼說。還有一些其他影響在發揮作用，而那抵消了針尖下降時獲得的助力。

　　原來是化學在動手腳。這些實驗全都是在有空氣的環境中進行，你可能還記得前面提過的，石墨烯有空氣時性能最佳。兩片薄片邊緣外露的碳原子與其周圍空氣中的氫氧基（–OH）之間發生的反應，就是薄片得以相互滑動的原因。不過，那些化學鍵對原子力顯微鏡針尖產生的影響非常不一樣。當針尖滑過上層表面，朝臺階邊緣前進，會突然發現自己面臨一個新的化學景觀：一群緊抓著懸崖的氫氧基。它們會對針尖施加黏力，和其原子形成氫鍵，拖住它，使其速度慢下來。這就是馬提尼和她的夥伴在下階梯實驗中測量到的少量非預期阻力（摩擦力）。黏合效應在針尖從下層表面靠近臺階時會變得更大，因爲針尖在這裡會從側邊碰到一群氫氧基，使其成爲化學鍵結更大的目標。這個因素再加上形貌（往上爬上物理屏障的動作），說明了爲什麼往上爬的試驗所測得的摩擦力會比往下降還大得多。

　　「所以這些在臺階邊緣的大型摩擦力尖峰，會爲結構超潤滑敲響喪鐘嗎？」在我們的閒聊即將結束之際，我問馬提尼。她說，

> 這個嘛，也許不會。我們在論文中梳理（tease）的其中一點是這些臺階邊緣的化學能否控制。如果你找到合適的物質來終止石墨烯層的末端，就有可能調整摩擦力，並擺脫那些尖峰。那樣一來，

你就不會受限於每一層石墨烯表面會有的缺陷。我想這是讓我們更接近更實際超潤滑的一種方法；也是在真實條件下也有效的方法。

這份研究——以及在此之前和之後的其他研究——凸顯了另一個與我們追求的目標相關的因素。它讓我們看到，摩擦力並不是一種基本力量，而只是總稱。它是一種把不同尺度的不同互動巧妙地包裹在一起的方法，如此一來它們就能用單一數字描述：也就是摩擦係數，$\mu$。事實上，摩擦力（至少）有兩種不同的成份一起運作，以抵抗表面之間的相對運動。

一個是**物理性的**，是表面上任何凹凸起伏或紋理之間發生碰撞造成，另一個是**化學性的**，當滑動表面的原子彼此非常靠近時，會跨界面形成鍵結。前者主掌大型結構的機制，如兩個地殼結構板塊之間的摩擦。但是當討論的活動零件只有幾個原子這麼大時，則多虧有原子力顯微鏡這種工具，我們現在知道後者在奈米級這樣的尺度上扮演重要角色。由於我們的目標是打造出極小型的節能裝置和零件，因此摩擦力的這個面向會變得愈來愈重要。除非我們可以搞清楚它到底來自哪裡，否則我們就無法控制它。

## 接觸

35 年來，原子力顯微鏡讓我們可以探查材料前所未有的細節——產生原子級平整平面的 3D 影像，拖拉個別原子，並協助我們進一步釐清材

料之間的情形 [125]。要用原子力顯微鏡進行測量，探針——你將記得那是一根末梢有錐形針尖的長桿——會逐漸降至表面。當其接近時，針尖的原子會透過一連串的力量，開始感覺到表面上的原子。當針尖和表面相隔大約 10 奈米時會浮現凡得瓦力，它們就跟壁虎一樣互相受到吸引，把針尖更拉近目標 [126]。可是當朝表面前進的距離更進一步縮短，又會加入另一股力量：排斥針尖的力量。這股排斥力的來源稱爲包立不相容原理（Pauli exclusion principle），此原理（先不談其中「水有多深」）與一件事有關，就是對一個原子而言，所有電子都無法區分，且沒有任兩個電子可以同時佔據相同狀態 [127]。也就是說針尖的電子一旦與表面原子夠近，它們的電子就會開始相斥，導致探針往上彎曲。

根據諾丁漢大學（University of Nottingham）物理學教授菲利普·莫里亞蒂（Philip Moriarty）的看法，凡得瓦的**拉力**與包立的**推力**的交會點很重要：「那基本上就是我們說兩件物體『互相接觸』時的意思。只要淨力爲零，吸力和斥力達到平衡，原子力顯微鏡的針尖就正式碰到表面。

---

125　原子力顯微鏡的前身是掃描隧穿顯微鏡（Scanning Tunnelling Microscope, STM），在 1981 年由 IBM 的兩位科學家發明，格爾德·賓寧（Gerd Binnig）與海因里希·羅雷爾（Heinrich Rohrer）。他們兩位後來在 1986 年共同獲頒諾貝爾物理學獎，獎項評審委員會評論他們的發明是「嶄新的」，且會爲研究物質結構開闢「全新的領域」。同一年，賓寧與另外兩位科學家卡爾文·奎特（Calvin Quate）和克里斯多夫·格勃（Christoph Gerber）發表了一篇論文，公開他們的原子力顯微鏡發明。

126　在環境空氣中用原子力顯微鏡進行測量時，毛細力——由表面上薄如奈米的水氣層所產生——也會拉扯針尖，把針尖拉往表面。

127　一旦你把尺度下調至單一電子，這個物理法則就會改變——且變得更不直覺。包立不相容原理是一個量子現象，有鑑於沃夫岡·包立（Wolfgang Pauli，制定此原理的人）和廣受讚頌的物理學家理察·費曼都無法用簡單的話語解釋這個原理，我不會因爲在這裡只簡短敘述而感到內疚！不過，這個原理跟我們比較熟悉、較大尺度的靜電效應有關，就像同性的電荷會相斥，異性電荷則會相吸。菲利普·莫里亞蒂（Philip Moriarty，下一段會引述）曾經在他的部落格上寫過文章談論包立不相容原理。我會在我的網站放上連結。

如果你試圖把它們推得更靠近，你的行為只是強化斥力，兩者將會更加分離。」來自德州農工大學（A&M University）的化學家，詹姆士·巴提耶（James Batteas）教授在我請他定義接觸時，給了我類似的答案，劍橋大學（University of Cambridge）材料科學家瑞秋·奧利佛（Rachel Oliver）教授的答案也一樣。

由此可知，在原子的層級，兩個固體材料之間的接觸真的是由相反的力量的平衡定義。光這件事沒什麼好意外的——畢竟一個馬克杯可以安放於桌上是因為兩個物體對彼此施加相等但相反的力量。但是當我們說這樣的「碰觸」其實是受到電子個永遠繞著原子核轉、幾乎沒有質量的細小粒子中介，就沒那麼直覺了。我想部分原因是因為人類習慣認為現實世界的物品總是絕對堅固。你手中的書、腳下的土地、午餐時咀嚼的三明治，甚至是當地小溪中快速流動的水；全都是實在存在、堅固，而且**真實**。

那麼我們可能也很自然地用相同的方式看待原子：視為堅硬、緻密的球體，有著光滑的外殼層。但是事實上，原子大部分是空心的。以至於它們的結構曾被比做大教堂圓頂中的蒼蠅，蒼蠅代表核，牆壁代表遙遠的電子雲[128]。因為電子會依循奇怪的量子力學法則，所以不可能知道它們任何時候確切的位置和動量。我們最多只能用機率來描述，而這會

---

[128] 據說這是套用發現核子的紐西蘭科學家歐尼斯特·拉塞福（Ernest Rutherford）的說法。《大教堂裡的蒼蠅》（The Fly in the Cathedral，Farrar Straus Giroux, 2004）也是一本關於原子分裂競賽的好書書名，作者是一位愛爾蘭記者布萊恩·卡斯卡特（Brian Cathcart）。現在，電子雲往往會被稱為「量子場」（quantum fields），但是以我們的目的而言，我不確定這樣的名稱是否更容易讓人理解它們。

讓原子的外邊界模糊而非平滑[129]。

　　無論如何，如此精確平衡的原子拔河賽的確定義了兩個固體物件之間最緊密的接觸——也就是它們的電子雲開始互動的瞬間。許多網路評論者把這個解讀成我們永遠無法真正觸摸到物體，他們用各種例子來說明這一點，從成對的足球到握手，無所不包。但是莫里亞蒂告訴我，一切取決於你如何定義它。

　　不同境況或科學專業都有各自描述接觸的方法；一個適合它們需求的說法。但是如果談到原子和量子的世界，類比只能帶我們走到這裡。我們無法以宏觀世界的例子在三言兩語間簡單說明兩個原子之間的接觸，因為規模尺度根本對不上。我們需要一個一致同意的科學定義及力量平衡點，那才是我們可以測量的地方。所以那是個合理的定義——而我會說是唯一的定義。

　　看起來，接觸似乎都跟電有關。

　　原子摩擦力也是如此。因為當我們說一個過程是化學性的過程，我們真正的意思是其會牽涉到電子。當原子力顯微鏡的針尖拖曳經過原子級平整表面，是那些互動之原子的電子雲控制兩者間暫時形成的化學鍵。它們提供了馬提尼教授在實驗中測量到的阻力。如果兩個滑動表面——也許是一對高度拋光的塊規——貼在一起很長一段時間，那些鍵結可能

---

129　這是海森堡不確定原理（Heisenberg uncertainty principle）說的，源自電子既是波也是微粒的事實。如果想要更深入瞭解這個原理和大略的量子力學，我建議可以閱讀《連狗狗都能理解的量子力學》（How to Teach Quantum Physics to Your Dog，Oneworld Publications，2010）一書，作者為查德·歐澤（Chad Orzel）。
（按：台灣版為《和狗狗一起學物理》，2010 年時報出版）

變成半永久，日後更難斷開。如果那些表面是兩條非常乾淨的黃金奈米線末端，就能緊密融接在一起，密合到兩者間的接合點都消失。

這個「摩擦是由電子供應」的較簡潔說法忽略了一個重要現象，只要曾經在冷天摩擦雙手的人都很熟悉這個現象：滑動摩擦會生熱。這樣從動能轉換為熱能背後的機制，可說是摩擦學中最多人研究的。這整體概念是如此：每當兩個固體相互滑動時，它們表面的原子會往反方向移動，晶格其餘部位就會產生振動。這些稱為聲子（phonons）的振動常被描述為「原子聲波」，但它們也是熱流經固體的方式。在這樣的脈絡之下，這些似乎迥然不同的能量形式之間唯一真正的差異在於原子振動的速度（或頻率）。如果聲子的頻率偏低，那你面對的就是聲能；如果偏高，那就對應到熱能。大部分的接觸情況會產生不同頻率的聲子，它們會在原子晶格中往四面八方彈來彈去。就像暴風雨來臨時海面上的海浪，聲子也可能互相干擾，有時候會彼此強化，有時候又相互抵消。聲子的傳輸雜亂無章，但是用來傳熱卻非常有效。

首次有人認為是聲子造成滑動接觸時的熱能損失是在 1929 年，之後就在許多其他摩擦模型中流行起來[130]。但是一直要到 2007 年，才由羅伯特‧卡皮克（Robert Carpick）教授（前面提過的馬提尼的合作夥伴）用原子力顯微鏡在實驗中首次證實。現在，大家普遍同意產生這些晶格振動就是造成滑動表面溫度上升的原因。根據傑佛瑞‧L‧斯特里特（Jeffrey L. Streator）助理教授的看法，聲子對這些相互作用非常重要，以至於它

---

[130] 這是由物理學家喬治‧亞瑟‧湯林森（George Arthur Tomlinson）博士提出，一般認為是他開發出其中一種最早——也最重要的——固體間乾摩擦模型。另一位物理學家路德維希‧普朗特（Ludwig Prandtl）博士在一年後（1928 年）發表了自己的模型，但非常相似。現在稱為普朗特—湯林森模型（Prandtl-Tomlinson Model）以茲紀念。

們的存在會改變測量到的摩擦力。

　　喬治亞理工學院（Georgia Tech）的摩擦學家最近發表了一篇研究，他模擬了剛性滑塊（原子網格）在原子級平整彈性材料板上的接觸。他發現，兩個完全一樣的奈米尺度滑塊彼此接近時，在**同一平面上會測量到不同的摩擦力數值**。這跟超潤滑一點關係都沒有；滑塊的原子和材料板的原子之間沒有任何神奇的對正。斯特里特告訴我，反而「聲子才是這個差異的主要原因。摩擦與聲子傳播之間的根本關聯早已為人所知。但是我的結果顯示，也許其中有些想不到的特徵。」似乎當各滑塊生成聲子時，它們會在材料中移動。因為斯特里特模擬情境中的材料有彈性，其原子彷彿是用彈簧接在一起，並以不同程度彈來彈去。當我們談論這種尺度的相互作用，即使原子的位置有很細微、短暫的變化，都足以改變我們用來定義接觸的平衡力。

　　由此可知，原子摩擦真的是兩個機制造成的結果——一個由電子調節，另一個由聲子調節。它們合在一起會產生一股阻力，可以反抗兩個滑動的原子級平整表面之間的相對運動，同時把那股動能轉換成熱[131]。很妙吧？其實電導或磁性材料中，很可能還有其他機制造成「通常稱為摩擦的相互作用」。如果其中任一個表面被弄髒了，即使只不過幾個原子或一兩個帶電粒子，也可能改變它們的摩擦行為。假如表面粗糙、有紋理而不光滑，那麼磨耗就是能量損失很重要的一環——當兩個物體的形體相撞時，大部分的滑動能量都會用於實際消除表面的材料。事實上，「摩擦到底是什麼？」這個問題並沒有簡單的答案。在原子的層級，摩

---

131　愈來愈多研究人員覺得這樣的描述不夠深入。「量子摩擦」（quantum friction）理論至少從1960年代就已經開始發展。撰寫本章之際，就連這種摩擦力的更基本表現形式是否存在，都還是各方激烈爭辯的議題。

擦以最根本的形式存在——模糊的電子和抖動的振動，但是同樣的機制並無法完全解釋我們在較大尺度所見的現象。這就浮現出摩擦力的問題：我們的認知中有一道鴻溝。

有大量證據顯示，人類意識到摩擦現象已有數千年的時間，我們的祖先運用該知識有技巧地控制表面之間的相互作用——從摩擦兩塊燧石以生火，到嘗試滑動巨型石塊之前先弄溼底下的沙。後來，包括亞里斯多德在內的希臘人受到支配運動的力量吸引，對那些力量提出一些早期的想法，但多半繞過摩擦力的概念。這種阻力的第一份科學描述要到 15 世紀才出現，是李奧納多・達文西（Leonardo da Vinci）的功勞。但是因為他並沒有公開發表他的方程式，世界其他地方要再等 200 年才有法國物理學家紀堯姆・阿蒙頓（Guillaume Amontons）的摩擦定律，重新發現達文西的方程式。自此開始，摩擦模型就愈發先進，可以用數學語言描述相當複雜之相互作用（像是變形、磨耗和潤滑），而實驗性研究也讓那些模型更豐富。

說起來好像過度熱衷於宣揚摩擦學，但正是這種知識推動了工業革命，讓工程師得以設計出比過去效率還高好幾倍的新軸承、齒輪和其他機械系統。也多虧更深刻理解了潤滑的原理，鐵路系統尤其蓬勃發展。而現在，每個有活動零件的系統在設計時都是以摩擦力為核心，有些組件可用來盡量降低摩擦力，有些則是用上其阻擋能力。我們對滑動表面的認識，協助我們更透徹理解地震的破壞力和冰的行為。而測量固體遇到液體時會發生什麼狀況的能力，帶給我們高度特化的漆料和黏合劑、低摩擦力塗層和超音速飛行。摩擦學甚至是許多我們最愛的運動的基礎。

這些範例的共通點是規模都差不多——它們至少相對而言很大。沒錯，我知道你腳踏車上的煞車比地震斷層還小一點，但是說到摩擦力，它們多半可以用同樣的定律描述。實際上，那些定律非常容易理解：畢

竟它們都帶我們走到這裡了。不過近幾十年來，我們出現重大轉變。多虧研發出探查原子世界的工具，我們仔細研究了更多摩擦力的根本層面，並揭露其背後的機制。我們可以模擬和測量原子之間的摩擦力怎麼運作，（我們認為）我們知道這股摩擦力來自何方。所以在奈米尺度也是一樣，我們對這個過程有更深入的理解。

　　但是這兩個領域坐落於峽谷相對的兩側，中間沒有相通的橋樑。它們各自依循的摩擦定律無疑都很有效，但也完全不一樣。至今為止，還沒有一組方程式可以把我們新發現的原子摩擦知識融入對摩擦力更大規模、更經典的描述中。如果可以建立這樣的模型，一定是劃時代的變革，我保證這不只是「科學家總是覺得他們關愛的主題才最重要」這麼回事。對摩擦的統一描述將造成遠超出實驗室的影響。它可提供的主要效益在於有個方法可以預測任兩個材料的摩擦係數，$\mu$ ── 而目前就是做不到。

　　正如我們在這本書中見識到的，由此數字可以得知兩個表面相互滑動的容易度，而且它無所不在。但是這個數字向來是在實驗中測量，無論是冰上的鋼、柏油上的橡膠，還是橡樹上的皮革。意思是數值會受其他因子控制 ── 材料的剛性、溫度與濕度、表面粗糙度或有無髒汙；這些因子全都有可能改變滑動摩擦力。因此，在工程學教科書中發佈的摩擦係數數值只是近似值；是一份指引而非精確的數量。我們也發現，當你的界面大小只有幾奈米時，那些會影響塊材（bulk material）測量結果的因子更加重要。即使我們可準確量化每一個因子也無處代入；我們（還）沒有模型可以讓我們把數字放進去，生出一個與 $\mu$ 一致的數值。或者，如傑佛瑞．L．斯特里特所說，「如果你告訴一位摩擦專家一對物件各自的材料特性，以及它們的整體幾何形狀、表面形貌和表面能，她可能無法有自信地告訴你滑動摩擦的係數是多少，因為並沒有既定的預測模型可以推算。」

　　沒有這項能力的話，我們就很難打造出無數電影和科幻小說保證可以製造的那些小型機器人；我們目前甚至連製造出一個可以轉得順但不會把自己磨耗殆盡的奈米齒輪都沒辦法[132]。但是即使是像公車和輸送帶這樣的大型機具，能預測 $\mu$ 值還是比較容易設計出精密的器具。雖然大部分工程師從來不需要擔心聲子的傳輸，但是把這個因素納入他們的方程式，對提高性能有利而無害。長期下來，這甚至可以降低對潤滑劑的依賴，但又不影響機械系統的效率或可靠性。如馬提尼告訴我的，「當你仔細想想，每個人依然在使用完全憑經驗和完全無法重現的摩擦係數，這實在非常驚人。如果我們可以從基本原理預測這個數值，對大家都比較好。」但她又說，要改變那樣的情勢不是輕鬆的差事。

　　我們必須找到一個方法，把我們在較小規模上的認知，往上提升到工程學使用的較大規模模型中。老實說，這是個大挑戰，但同時也是個機會。對我來說，投身這個領域，依然有未解的問題是很酷的事，如果我們可以找出答案，將會對世界產生重大影響。

＊　＊　＊

　　我動手寫這本書時，是想要帶領你們，我親愛的讀者，認識一個隱藏在眾目睽睽之下的世界：表面。也就是一種材料與另一種材料相遇之處。我知道這個故事會提到壁虎和點字、泳衣與輪胎、地震和聲音屏障、

---

132　2020 年 3 月，澳洲皇家墨爾本理工大學（RMIT University）的研究人員報告，有一個運用奈米碳管的小齒輪可以「穩定旋轉」。但是運作溫度需低於 100K（也就是 -173.15℃）。

冰與漆料，而且具體的細節需要做大量功課。但是從第一天開始，最後這一章在我腦海中就有清晰的畫面。這一章的重點會放在我們對摩擦的理解有多不足，說明我們真的不清楚「接觸」的意思，並讓讀者知道，只要你檢視材料表面的距離夠近，問題會比答案更有價值。但是，如我前面的內容所說，我對所有事物的見解都改變了。

我任自己沉浸在這個主題好幾年，又探訪了世界各地善良又聰明絕頂的專家之後，明白了一些事。即使表面科學複雜得驚人，我們還是設法找到了前進的方向，在許多情況下還學會控制的方法。是的，我們的認知中依然有未解的謎團和空白。沒錯，有些模型還可以再改良。說得對，小至日常事物的運作（看看你，冰壺與黏合劑）乃至一些基本原理都還有意見分歧之處。但是只關注我們不知道的事，會讓我們已經知道的事蒙受損失。

我們對界面的理解伴著我們一起成長。從古至今，我們知道得愈多，我們的視野就愈遼闊。因此少有知識的鴻溝能阻止我們前進。人類想要找出可行的解決方法時總是驚人地有創意，即使我們手邊並沒有所有可用的方程式。接觸、摩擦、流體動力學和表面的實用知識，讓我們可以建造金字塔、運用風能，並探索太陽系。而我們的每一次突破都會發現新知，同時完善過去的想法。這就是科學和工程學有用之處；它們一直以來都是如此運作。無論之後還會遇到什麼困難，那些追求都永不停止。

# 延伸閱讀

啊，參考資料。這是我最愛也最怕的部分。《黏黏滑滑》這本書需要做很多功課。我最後的參考資料——即我閱讀的論文、專利、書籍、文章和報告——將近 900 篇，這還不包括我的訪談筆記。我當然不會在這邊列出所有的資料。相反地，接下來我整理列出了簡短的參考書目；僅選了一些重點參考文獻，以及建議的延伸閱讀資料。你可能已經注意到註釋中也有一些趣聞。但是，如果你想找我書中提到的某一篇論文，但我卻未於後文列出，請查看我的網站。我已經在網站上公開完整的參考資料清單（只要可能的話，論文也都附上連結）：www.lauriewinkless.com

還有其他問題嗎？請上推特私訊我（我的帳號是 @laurie_winkless），我將會盡力提供協助。

## 序

- 摩擦學有時候會稱爲「摩擦與滑動」的科學：Hähner, G. and Spencer, N. 1998. Rubbing and Scrubbing. *Physics Today* 51, 9: 22.
- 巨像的運輸（Transport of the Colossus）：此複製畫是與與岱爾・阿爾・巴沙青年聯盟（Deir Al-Barsha Youth Union）合作。由使用者 Youssef Grace 在維基百科分享（CC-BY-SA-4.0）。
- Fall, A. 2014. Sliding Friction on Wet and Dry Sand. *Physical Review Letters* 112: 175,502.
- 無數教科書與許多網站上都可以找到 $\mu$ 值表。這些靜摩擦係數取自 https://www. engineeringtoolbox.com/friction-coefficients- d_778.html

## 第一章：黏還是不黏

- Ngarjno, Ungudman, Banggal, Nyawarra and Doring. 2000. *Gwion Gwion: Dulwan Mamaa*. ISBN-10: 38290406: 78.

- 有一份考古學研究，是針對從金伯利地區東北方一處大型沉積景觀明吉瓦拉（Minjiwarra）挖掘到的工具，該研究推斷此地區已連續有原住民族群居住了五萬年之久。Veth, P. et al. 2019. Minjiwarra: archaeological evidence of human occupation of Australia's northern Kimberley by 50,000BP. *Australian Archaeology*. DOI: 10.1080/03122417.2019.1650479

- Finch, D. et al. 2020. 12,000-Year-old Aboriginal rock art from the Kimberley region, Western Australia. *Science Advances* 6: eaay3922。這也是圭央風格藝術相關內容的來源。

- Coles, D. 2019. *Chromatopia: An Illustrated History of Color*. ISBN-10: 1760760021.

- Kendall, K. 2001. *Molecular Adhesion and its Applic- ations: The Sticky Universe* (151).

- 黏合模式相關內容是依據 3M™ 的資料：https:// www.3m.com/3M/en_US/bonding-and- assembly-us/resources/how-does-adhesion-work/

- 想獲得所有黏合劑相關指引的讀者，史蒂芬・阿伯特（Steven Abbott）有一個很棒的網站，上面有許多實用指南（和線上計算機）可以給你一點方向：https://www.stevenabbott. co.uk/

- 在這裡可以看到巴斯洛特（Barthlott）所有的著作：http://www.lotus-salvinia.de/index.php/en/ publication。大部分早期論文都是以德文撰寫。

● Barthlott, W. and Neinhuis, C. 1997. Purity of the sacred lotus, or escape from contamination in biological surfaces. *Planta* 202: 1–8. 這也是圖 3 的來源。

## 第二章：壁虎的爬牆功

● Autumn, K. et al. June 2000. Adhesive force of a single gecko foot-hair. *Nature* 405.

● Ruibal, R. and ernst, V. 1965. The structure of the digital setae of lizards. *Journal of Morphology* 117, 3.

● Cutkosky, M.R. Climbing with adhesion: from bioinspiration to biounderstanding. *Interface Focus* 5: 20150015.

● 壁虎足部的速度取自 Autumn, K. et al. 2006. Dynamics of geckos running vertically. *Journal of Experimental Biology* 209: 260– 272。眨眼的速度是根據哈佛大學的數據，耗時 0.1 ～ 0.4 秒，或 100 ～ 400 毫秒。

● Autumn, K. et al. 2002. Evidence for van der Waals adhesion in gecko setae. *PNAS* 99, 19: 12,252–12,256。這篇論文的發表延伸出我有史以來最愛的一個專題報導標題：「壁虎飛簷走壁的祕密」（How Geckos Stick on der Waals）（*Science*, 2002）。

● Stark, A.Y. et al. 2012. The effect of surface water and wetting on gecko adhesion. *Journal of Experimental Biology* 215: 3080–3086.

● 水在壁虎趾墊上的接觸角約為 150 度。Badge, I. et al. 2014. The Role of Surface Chemistry in Adhesion and Wetting of Gecko Toe Pads. *Scientific Reports* 4, article no. 6643.

● Stark, A.Y. et al. 2015. Run don't walk: locomotor performance of geckos on wet substrates. *Journal of Experimental Biology* 218: 2435–2441.

- 希勒（Hiller）早期的作品大多以德文出版，但是本書章節提供了有用的概述：Hiller U.N. 2009. Water Repellence in Gecko Skin: How Do Geckos Keep Clean? in Gorb S.N. (ed.). 2009. *Functional Surfaces in Biology*. Springer, Dordrecht.

- Geim, A.K. et al. July 2003. Microfabricated adhesive mimicking gecko foot-hair. *Nature Materials 2.*

- 第一隻壁虎據信年代至少跟恐龍一樣久遠。Conrad, J.L., Norell, M.A. 2006. High-resolution X-ray computed tomography of an early Cretaceous gekkonomorph (Squamata) from Öösh (Övörkhangai; Mongolia). *Historical Biology* 18: 405–31.

- Han A.K, et al. 2021. Hybrid electrostatic and gecko-inspired gripping pads for manipulating bulky, non-smooth items. *Smart Materials and Structures* 30 025010 (9pp). 伊利諾理工學院（Illinois Institute of Technology）於 2014 年申請了一份類似但不相同的技術專利（US20140272272A1）；撰寫本文時，已放棄該項申請。

## 第三章：游泳去

- Fairhurst's patents include US6446264 B2 Articles of Clothing, and USD456110 Garment.

- Toussaint, H.M. et al. 2002. Effect of a Fast-skin™ 'Body' Suit on Drag during Front Crawl Swimming. *Swimming, Sports Biomechanics* 1, 1: 1–10.

- Stager, J.M. et al. May 2001. Predicting elite swim performance at the USA 2000 Olympic swim trials. *Medicine & Science in Sports & Exercise* 33, 5:S159; Sanders, R. et al. 2001. Bodysuit yourself: but first think about it. *Journal of Turbulence (Electronic Journal).*

- Oeffner, J. and Lauder, G.V. 2012. The hydrodynamic function of shark skin and two biomimetic applications. *Journal of Experimental Biology* 215: 785–795.

- 有些數字估算顯示人體在水中移動遭遇的阻力，會比在空氣中移動還大 780。

- LZR 泳裝的統計數字來自：https://swimswam. com/speedo-fastskin-a-history-of-the-worlds- fastest-swimsuits/

- 國際游泳聯合會的泳裝規定：https://www.fina.org/sites/default/files/frsa. pdf

- Patent, Holst B. and Akhtar, N. WO 2018/197858 A1. Microstructured sapphire substrates.

- Barthlott, W. et al. 2010. The Salvinia Paradox: Superhydrophobic Surfaces with Hydrophilic Pins for Air Retention under Water. *Advanced Materials* 22: 2,325–2,328.

## 第四章：翱翔天際

- Pugh, L.G.C.E. May 1970. Oxygen intake in track and treadmill running with observations on the effect of air resistance. *Journal of Physiology* 207, 3: 823–835; Pugh, L.G.C.E. March 1971. The influence of wind resistance in running and walking and the mechanical efficiency of work against horizontal or vertical forces. *Journal of Physiology* 213, 2: 255–276.

- 這些數值取自兩篇相當小眾的論文：「effect of moisture content on the viscosity of honey at different temperatures」（*Journal of Food Engineering*, 01 Feb. 2006, 72, 4: 372–377）以及「The rheological properties of ketchup as a function of different hydrocolloids and temperature」（*Inter-*

*national Journal of Food Science & Techno- logy*, 44, 3)。我就是這麼愛你們。

- Cross, R. 2012. Aerodynamics in the classroom and at the ball park. *American Journal of Physics* 80, 289。克羅斯還寫了一篇文章發表在部落格上，搜尋「克羅斯的蝴蝶球」即可查閱。

- 如果想更深入瞭解超音速飛行的歷史，以及我在本節提到的許多研究的參考資料，非常建議閱讀《從工程科學到大科學》（From Engineering Science to Big Science）這本書的第三章，這是一本詳細耙梳記載 NASA 歷史的著作。在這個網站可免費下載全書：https://history.nasa.gov/

- NASA 的報告，*Transiting from Air to Space: The North American X-15*。這篇文章亦可在 NASA 歷史的網站免費下載。

- NASA 的出版品，*Engineering Innovations*，由詹森太空中心（Johnson Space Centre）出版電子書。章節標題：「隔熱系統」（Thermal Protection Systems）。全書可在（你已經猜到了吧）NASA 歷史的網站下載。

## 第五章：上路出發

- 早在 2001 年，米其林就針對輪胎抓地力的基礎知識提供一個真的很出色的資源 —— 潔瑪‧哈頓（Gemma Hatton）在我還在蒐集資料的階段就很熱心地引介給我。除了我在這裡提到的內容之外還想繼續深究此主題的讀者，這是必讀的讀物。在瀏覽器搜尋「michelin tire grip dimnp」就會看到了。

- 我很幸運，能與一位道路噪音專家一起生活，也就是我先生理察‧傑克特（Richard Jackett），他為紐西蘭交通局進行了大量研究。有些

研究報告可在這裡看到：https://www.researchgate. net/profile/Richard_
Jackett/research

● 想瞭解更多早期賓士專利電機車計畫的資訊，請前往：https://media.
daimler.com

● Sugözü, I. et al. 2015. Friction and wear behaviour of ulexite and cashew
in automotive brake pads. *Materials and Technology* 49, 5: 751-758；Gan-
guly, A. and George, R. 2008. Asbestos free friction composition for brake
linings. *Bulletin of Materials Science* 31, 1: 19-22.

● Alnaqi, A.A. et al. 2016. Material characterisa- tion of lightweight disc
brake rotors. *Proceedings of the Institute of Mechanical Engineers Part L:
Journal of Materials: Design and Applications* 232, 7: 555-565.

● 在煞車製造商布雷博（Brembo）的官方網站上還有更多 F1 煞車的資
料可參閱。

## 第六章：搖晃的群島

● Brace, W.F. and Byerlee, J.D. 1966. Stick-Slip as a Mechanism for
earthquakes. *Science, New Series* 153, 3,739: 990-992.

● Elevated pore-fluid pressure and landslides: Bogaard, T.A. and Greco, R.
2015. Landslide hydrology: from hydrology to pore pressure, *WIREs Wa-
ter* 3, 3: 439-459; Carey, J.M. et al. 2019. Displacement mechanisms of
slow-moving landslides in response to changes in porewater pressure and
dynamic stress. *Earth Surface Dynamics* 7: 707-722.

● Wallace, L.M. 2020. Slow Slip events in New Zealand. *Annual Review of
Earth and Planetary Sciences* 48: 8.1-8.29。引用的速率取自圖 2。

● Dragert, H. et al. 2001. A Silent Slip Event on the Deeper Cascadia Subduction Interface. *Science* 292: 1521-1528.

● Rogers, G. and Dragert, H. 2003. Episodic Tremor and Slip on the Cascadia Subduction Zone: The Chatter of Silent Slip. *Science* 300: 1942–1943; Obara, K. 2002. Nonvolcanic Deep Tremor Associated with Subduction in Southwest Japan. *Science* 296: 1679-1681.

● Warren-Smith, E. et al. 2019. Episodic stress and fluid pressure cycling in subducting oceanic crust during slow slip. *Nature Geoscience* 12: 475-481.

● Langridge, R. M. et al. 2018. Coseismic Rupture and Preliminary Slip Estimates for the Papatea Fault and its Role in the 2016 Mw 7.8 Kaikoura, New Zealand, Earthquake. *Bulletin of the Seismological Society of America* 108, 3B: 1596-1622.

## 第七章：破冰

● Rosenberg, B. 2005. Why Is Ice Slippery. *Physics Today* 58, 12: 50.

● Bowden, F.P. and Hughes, T.P. 1939. The mechanism of sliding on ice and snow. *Proceedings of the Royal Society of London A* 172: 280-298.

● Gurney, C. 1949. Surface Forces in Liquids and Solids. *Proceedings of the Physical Society A* 62: 639.

● Weber, B. et al. 2018. Molecular Insight into the Slipperiness of Ice. *Journal of Physical Chemistry Letters* 9, 11: 2838-2842.

● Burridge, H.C. and Linden, P.F. 2016. Questioning the Mpemba Effect. *Scientific Reports* 6, article no. 37665.

● Nyberg, H. et al. 2013. The asymmetrical friction mechanism that puts the curl in the curling stone. *Wear* 301, 1-2: 583-589.

● Shegelski, M.R.A. and Lozowski, E. 2016. Pivot-slide model of the motion of a curling rock. *Canadian Journal of Physics* 94: 1305-1309.

- Shegelski, M.R.A. and Lozowski, E. 2018. First principles pivot-slide model of the motion of a curling rock: Qualitative and quantitative predictions. *Cold Regions Science and Technology* 146: 182-186.

- Honkanen, V. et al. 2018. A surface topography analysis of the curling stone curl mechanism. *Scientific Reports* 8: 8123。我讀到這篇論文時，它已經發表快一年了，但是不知為何，我為冰壺相關出版品設定的複雜警報網卻沒有攔截到這篇論文。

- Penner, A.R. 2019. A Scratch-Guide Model for the Motion of a Curling Rock. *Tribology Letters* 67: 35.1-35.13.

## 第八章：觸摸的力量

- 想知道更多人類有多少感官的資訊，請參閱格拉斯哥大學心理學教授史蒂夫・德雷珀（Steve Draper）的部落格文章：https://www.psy. gla. ac.uk/~steve/best/senses.html

- Skedung, L. et al. 2013. Feeling Small: Exploring the Tactile Perception Limits, *Scientific Reports* 3: 2617.

- 美國司法部 2011 年編撰的《指紋教科書》（The Fingerprint Sourcebook）

- Thompson, W. et al. 2017. Forensic Science Assessments: A Quality and Gap Analysis (Latent Fingerprint examination)。由美國科學促進會出版電子書。

- Champod, C. 2015. Fingerprint identification: advances since the 2009 National Research Council report. *Philosophical Transactions of the Royal Society B* 370: 20140259.

- Liu, X. et al. Measuring contact area in a sliding human finger-pad contact, *Skin Research Technology*: 1-14.

- Tomlinson, S.e. et al. 2013. Human finger friction in contacts with ridged surfaces. *Wear* 301: 330-337.

- Persson, B.N.J. et al. 2013. Contact Mechanics and Friction on Dry and Wet Human Skin. *Tribology Letters* 50: 17-30.

- Changizi, M. et al. 2011. Are Wet-Induced Wrinkled Fingers Primate Rain Treads? *Brain, Behaviour and Evolution* 77, 4: 286-290.

- O゛Rian, S. 1973. New and Simple Test of Nerve Function in Hand. *British Medical Journal* 3: 615-616.

- Lederman, S.J. and Klatzky, R.L. 1987. Hand movements: A window into haptic object recognition. *Cognitive Psychology* 19: 342-368.

- Runyan, N.H. and Blaize, D.B. August 2011. The Continuing Quest for the ゛Holy Braille゛ of Tactile Displays. *Proceedings of SPIE 8107, Nano-Op- to-Mechanical Systems (NOMS)*: 81070G.

- Russomanno, A. et al. 2015. Refreshing Refreshable Braille Displays. *IEEE Transactions on Haptics* 8, 3: 287-297.

- O゛Modhrain, S. July–Sept. 2015. Designing Media for Visually-Impaired Users of Refreshable Touch Displays: Possibilities and Pitfalls. *IEEE Transactions on Haptics* 8, 3: 248-257.

- Culbertson, H. and Kuchenbecker, K.J. 2017. Importance of Matching Physical Friction, Hard- ness, and Texture in Creating Realistic Haptic Virtual Surfaces. *IEEE Transactions on Haptics* 10, 1: 63-74.

## 第九章：緊密接觸

- 《塊規的歷史》（The History of Gauge Blocks）這本書是精密儀器製造商三豐儀器（Mitutoyo）的小手冊，2015 年出版電子書，現在仍可在公司網站上免費下載。

- Doiron, T. and Beers, J. 1995. *The Gauge Block Handbook*. Monograph #180 from the National Institute of Standards and Technology (NIST).

- Melzer, M. 2007. *Mission to Jupiter: A History of the Galileo Project*. NASA (SP-2007-4231). 可在 NASA 歷史網站免費下載。

- The Feynman Lectures, 12-2 Friction: *'The reason for this unexpected behavior is that when the atoms in contact are all of the same kind, there is no way for the atoms to "know" that they are in different pieces of copper. When there are other atoms, in the oxides and greases and more complicated thin surface layers of contaminants in between, the atoms "know" when they are not on the same part.'*

- Lu, Y. et al. 2010. Cold welding of ultrathin gold nanowires. *Nature Nanotechnology* 5: 218-224。這篇論文也是本章提到的影片的來源。

- Vazirisereshk, M.R. et al. 2019. Solid Lubrication with $MoS_2$: A Review. *Lubricants*, 7: 57.

- 這篇論文完整統整了黃金的變化特性：Haruta, M. 2003. When gold is not noble: catalysis by nanoparticles. *The Chemical Record* 3, 2: 75-87.

- Vazirisereshk, M.R. et al. 2019. Origin of Nanoscale Friction Contrast between Supported Graphene, $MoS_2$, and a Graphene/ $MoS_2$ Heterostructure. *Nano Letters* 19, 8: 5496-5505.

- Dienwiebel, M. et al. 2004. Superlubricity of Graphite. *Physical Review Letters* 92, 12: 126101。該效應在 1980 年代就有人預測，第一次用電

腦／理論研究則是在 1990 年代早期進行。

● Erdemir, A. and Martin, J.M. 2018. Superlubricity: Friction's vanishing act. *Physics Today* 71, 4: 40.

● Chen, Z. et al. 2020. Identifying physical and chemical contributions to friction: A comparative study of chemically inert and active graphene step edges. *ACS Applied Materials and Interfaces* 12, 26: 30007-30015.

● Streator, J.L. 2019. Nanoscale Friction: Phonon Contributions for Single and Multiple Contacts. *Frontiers in Mechanical Engineering* 5: 23.

● Stachowiak, G.W. 2017. How tribology has been helping us to advance and to survive. *Friction* 5, 3: 233-247.

# 致謝

本書封面可能只有一個名字，但是如果沒有以下這些了不起的人，本書斷然無法付梓。只要你曾以任何方式花時間幫助我，我都欠你一份情。

**接受我採訪及引述的人：**Monique Parsler、Colin Gooch、Gabriel Nodea、Marcelle Scott、Steven Abbott、Adrian Lutey、Kellar Autumn、Alyssa Stark、Mark Cutkosky、Arul Suresh、Aaron Parness、Amy Kyungwon Han、Fiona Fairhurst、Melissa Cristina Márquez、Dylan Wainwright、Bodil Holst、Maz Jovanovich、Andrew Neely、Priyanka Dhopade、Jon Marshall、Gemma Hatton、Shahriar Kosarieh、John Carey、Carolyn Boulton、Laura Wallace、Jeremy Gosselin、Rob Langridge、Emily Warren-Smith、Daniel Bonn、Mark Shegelski、Staffan Jacobson、Mark Callan、Christina Hulbe、Amy Betz、Gilane Khalil、Tanja Van Peer、Matt Carré、Sile O' Modhrain、Heather Culbertson、Lenice Evergreen、Nina Wronski、Ashlie Martini、Philip Moriarty、Jeffrey L. Streator。

**給我建議、與我分享他們的工作、把我引薦給其他人、安排採訪，寄給我報告、論文、照片和數據，或幫我雜亂無章的內容進行事實查核：**Geoff Wilmott、Chiara Neto、Emile Webster, Jenny Malmström、紐西蘭警察局的團隊（Matt、Eugene、Tony 和 Greg）、James Batteas、Dan Bernasconi、Wilhelm Bathlott、Alex Russomanno、Rachel Oliver、Alan Baxter、Hannah Davidson、Geoff Kilgour、Robyn Sloggett、ZhūCreative、Will Hings、Bettina Mears、Maggie McArthur Murray、Vanessa Young、

Jim Sutton Charles Dhong、Mark Lincoln 和 Adam Parr.。

**我的章節審閱：**Lisa Martin、John Uhlrich、Eleanor Schofield、Laura Sessions、 Paul Byrne、Clare Bardsley、Leanne Ross、David Lamb、Nic Harrigan、Celeste Skatchill、Catherine Qualtrough、Rebecca O'Hare、Anna Sampson、Gareth Hinds、Felicity Powell、@ThatMaoriGirl、Nicola Hardy、Claire Lewis、Orla Wilson、John Englishby。

我先生，他擁有無與倫比的耐心，這本書字字句句都有他參與其中。我的父母和家人，他們始終相信我一定能完成這本書，並且告訴我他們以我為榮，即使我生活一團亂的時候也沒對我失去信心。我分散在世界各個時區的朋友們，他們是我主要的精神支柱，總是樂於轉移我的注意力，尤其當一切動盪不安時。我的西格瑪（Sigma）手足，總是讓我心情愉悅。我的推特粉絲和偶然相遇的友善陌生人，是我的同事、啦啦隊和知己。以及瑪莉·羅曲（Mary Roach），贊成我使用受她啟發的書名。

…最後，非常感謝**布魯姆斯伯里出版社（Bloomsbury）**的團隊，尤其是西格瑪書系的爸爸 Jim Martin，當我搬到地球另一頭時沒有對我大吼，我告訴他這本書需要延後一年半以上才能寫完時也沒罵我。Catherine Best 和 Marc Dando 幫我把粗略的草稿變成值得出版的內容。Anna MacDiarmid 讓《黏黏滑滑》開始漫長的旅程，以及把它帶回家的 Angelique Neumann。

由衷感謝親愛的各位。

國家圖書館出版品預行編目資料

黏黏滑滑：摩擦力與表面科學的祕密／羅麗‧溫克里斯
(Laurie Winkless)著；田昕旻譯. ─ 初版. ─ 臺中市：晨
星出版有限公司，2022.11

面；公分 . ─（知的！；207）

譯自：Sticky : the secret science of surfaces

ISBN 978-626-320-244-3（平裝）

1.CST: 固體力學 2.CST: 磨擦

332.55　　　　　　　　　　　　　　111013700

<table>

| | |
|---|---|
| 知的！<br>207 | **黏黏滑滑：摩擦力與表面科學的祕密**<br>STICKY: The Secret Science of Surfaces |

| | |
|---|---|
| 作者 | 羅麗‧溫克里斯（Laurie Winkless） |
| 譯者 | 田昕旻 |
| 編輯 | 許宸碩 |
| 校對 | 許宸碩 |
| 封面設計 | ivy_design |
| 美術設計 | 曾麗香 |

| | |
|---|---|
| 創辦人 | 陳銘民 |
| 發行所 | 晨星出版有限公司<br>407台中市西屯區工業30路1號1樓<br>TEL：（04）23595820<br>FAX：（04）23550581<br>http://star.morningstar.com.tw<br>行政院新聞局局版台業字第2500號 |
| 法律顧問 | 陳思成律師 |
| 初版 | 西元2022年11月1日　初版1刷 |

| | |
|---|---|
| 讀者服務專線 | TEL：（02）23672044／（04）23595819#212 |
| 讀者傳真專線 | FAX：（02）23635741／（04）23595493 |
| 讀者專用信箱 | service @morningstar.com.tw |
| 網路書店 | http://www.morningstar.com.tw |
| 郵政劃撥 | 15060393（知己圖書股份有限公司） |
| 印刷 | 上好印刷股份有限公司 |

掃描QR code填回函，
成為晨星網路書店會員，
即送「晨星網路書店Ecoupon優惠券」
一張，同時享有購書優惠。

**定價450元**

ISBN 978-626-320-244-3

STICKY: THE SECRET SCIENCE OF SURFACES by LAURIE WINKLESS
Copyright: © LAURIE WINKLESS 2021
This edition arranged with Bloomsbury Publishing Plc
through BIG APPLE AGENCY, INC., LABUAN, MALAYSIA.
Traditional Chinese edition copyright:
2022 MORNING STAR PUBLISHING INC.
All rights reserved.